中国华东地区生物多样性调查与研究系列

A Catalog of
Lycophytes and Ferns in
East China

华东石松类与蕨类植物
多样性编目

金冬梅　严岳鸿　主编

ZHEJIANG UNIVERSITY PRESS
浙江大学出版社

图书在版编目（CIP）数据

华东石松类与蕨类植物多样性编目 / 金冬梅，严岳鸿
主编. — 杭州 ： 浙江大学出版社，2022.1
　　ISBN 978-7-308-21788-0

　　Ⅰ. ①华… Ⅱ. ①金… ②严… Ⅲ. ①石松纲－生物
多样性－编目－华东地区②蕨类植物－生物多样性－编目
－华东地区 Ⅳ. ①Q949.36②Q949.36

中国版本图书馆CIP数据核字(2021)第193927号

华东石松类与蕨类植物多样性编目

金冬梅　严岳鸿　主编

策划编辑	冯其华	
责任编辑	季　峥	
责任校对	冯其华	
封面设计	程　晨	
出版发行	浙江大学出版社	
	（杭州市天目山路148号　邮政编码　310007）	
	（网址：http：//www.zjupress.com）	
排　　版	杭州林智广告有限公司	
印　　刷	浙江新华印刷技术有限公司	
开　　本	710mm×1000mm　1/16	
印　　张	13.25	
字　　数	249千	
版 印 次	2022年1月第1版　2022年1月第1次印刷	
书　　号	ISBN 978-7-308-21788-0	
定　　价	68.00元	

审 图 号　GS（2021）8181号

本书由科技部科技基础性工作专项"华东黄山—天目山脉及仙霞岭—武夷山脉生物多样性调查"(2015FY110200) 资助

《华东石松类与蕨类植物多样性编目》
编委会

主　编

金冬梅　严岳鸿

副主编

韦宏金　周喜乐

编　委（按姓氏拼音排序）

陈　彬	陈凤彬	葛斌杰	顾钰峰	金冬梅	刘　莉	刘以诚
刘子玥	卢毅军	罗俊杰	莫日根高娃		商　辉	沈　慧
舒江平	宋以刚	苏享修	汪　浩	王　莹	韦宏金	魏宏宇
魏作影	夏增强	严岳鸿	于俊浩	袁　泉	张　豪	张　娇
张　锐	钟　鑫	周喜乐				

编写说明

E X P L A N A T I O N

　　本书收录了中国华东地区福建、江西、浙江、安徽、江苏、山东、上海六省一市自然分布的石松类和蕨类植物，共计 35 科 115 属 588 种（含杂交种、变种、变型）。对于每一个物种，列出其中名、拉丁学名和命名的原始文献，重要的异名，在华东地区的产地①，在中国和世界范围的分布，以及采自华东地区的凭证标本。此外，我们还列出了 76 个存疑种，主要指文献记载在华东地区有分布，但未找到与模式标本或文献描述相符的凭证标本的物种。基于目前石松类与蕨类植物系统分类学的研究成果，本书科的顺序按 The Pteridophyte Phylogeny Group Ⅰ（PPGⅠ）系统排列；为方便使用，属、种和种下按拉丁学名的字母顺序排列。

　　对收录物种的梳理过程主要参考了 Flora of China、《中国植物志》《中国生物物种名录·第一卷 植物·蕨类植物》《福建植物志》《江西植物志》《浙江植物志》《安徽植物志》《江苏植物志》《山东植物志》《华东植物区系维管束植物多样性编目》《上海维管植物名录》等志书，以及涉及华东地区石松类和蕨类植物新发表物种、分类修订和新分布记录的中英文论文。

　　凭证标本的查询主要通过中国数字植物标本馆网站 (www.cvh.ac.cn) 和中国国家标本资源平台网站 (www.nsii.org.cn) 进行。引证标本主要来源于上海辰山植物标本馆 (CSH)、中国科学院植物研究所标本馆 (PE)、江苏省中国科学院植物研究所标本馆 (NAS)、湖南科技大学生命科学学院植物标本馆 (HUST)、九江森林植物标本馆 (JJF)、广东省韩山师范学院生命科学与食品科技学院植物标本室 (CZH)、福建亚热带植物研究所标本室 (FJSI)、江西省中国科学院庐山植物园标本馆 (LBG)、杭州植物园植物标本室 (HHBG)、中国科学院华南植物园标本馆 (IBSC)、南昌大学生物标本馆 (JXU)、曲阜师范大学生科院植物标本室 (QFNU)、北京师范大学生命科学学院植物标本室 (BNU) 等国内 33 家标本馆 / 室（引用标本少于 10 份的未列出），在此一并致谢。

　　植物多样性调查与编目是一项长期、艰苦、复杂的工作，感谢为本书的编写提供帮助的自然保护区、标本馆和热心人士。由于作者水平有限，书中难免存在疏漏、错误，敬请读者批评指正！

---

① 本书涉及的地级市，如杭州、福州、苏州等，特指其市辖区，不包括下辖县 (区、市)。

序1

FOREWORD

　　石松类和蕨类植物不开花、不产生种子，是一类依靠孢子进行有性繁殖的维管植物。大约4亿年前，地球上就已经出现了石松类植物，随后是蕨类植物和种子植物。据北京大学的研究，在安徽省新杭镇附近发现的泥盆纪石松类森林（距今3.59亿~3.72亿年）是迄今发现的亚洲最古老的植物化石森林。石松类和蕨类植物在亿万年的时间里经历了大陆漂移、气候变化及人类活动的影响，它们所展现的多样性是在漫长的演化过程中适应地球环境的结果；而在此期间，它们也改变了地球环境，包括大气组成、水分循环、地球温度等，为人类的生存创造了条件。

　　本书以多次野外考察成果为基础，仔细梳理文献并精心选择凭证标本，按PPG I系统科的演化顺序记录了华东地区石松类和蕨类植物的多样性，包括物种名称、分布区和凭证标本，展示了代表性植物的野外照片，呈现了华东地区丰富的石松类和蕨类植物多样性，是难得一见的区域性石松类和蕨类植物学专著。希望本书成为更多的区域性和地方性同类植物分类学专业性志书编研的参考，推动地方性植物分类学科研和教学工作，也为不同地区生物多样性保护与可持续利用提供数据翔实、针对性强的科学依据。

　　严岳鸿团队在石松类和蕨类植物学基础研究方面积累了深厚的研究力量，在全国蕨类植物编目、地理分异和分子系统学等方面都有很好的成果发表。本书是他们系列成果的重要组成部分，在区域尺度石松类和蕨类植物编目方面展示了新的案例。目前，相对于维管植物的其他类群而言，石松类和蕨类植物的研究相对比较薄弱，本书的出版将为华东石松类和蕨类植物多样性研究与保护提供最新的分类学与地理学信息，也将为其他地区的相关研究提供参考样板。

　　石松类和蕨类植物从远古走来，携带着历史变迁的密码；它们也是我们身边的伙伴，蕴藏着丰富的资源。让我们走出城市、走进山林、走近石松类与蕨类植物，领略植物多样性之美；让我们认识它们、利用它们、保护它们，践行人与自然的和谐共存，为实现全球生物多样性保护目标尽一份力量。

中国科学院植物研究所　马克平 研究员

2021 年 7 月于北京香山

序 2

FOREWORD

　　生物多样性与生物资源是人类赖以生存和社会、经济得以发展的物质基础，关系到一个国家和民族的食物供给、生态安全。华东地区是世界北纬 30°上下绿色植物的丰富地区之一，尤其是浙－苏－皖－赣－闽五省交界的山地是长江下游呈北东一南西走向的主要山脉群，出露有寒武纪、奥陶纪、侏罗纪、第四纪等地质时期发育的各类古老地层，记录着扬子板块 7.5 亿年来的地质史。华东地区位居中北亚热带季风区，地形地貌和微生境复杂多变，由于山脉、河流和气候环境的复杂耦合作用，其景观、生态系统和物种多样性既丰富又特殊，是第三纪、第四纪古植被与生物区系的重要避难所，保留了大量第三纪孑遗动植物，包括大量的石松类和蕨类植物。在科技部科技基础性工作专项"华东黄山—天目山脉及仙霞岭—武夷山脉生物多样性调查"（2015FY110200）的支持下，经过作者们 5 年多的调查和长期的研究积累，本书收录了福建、江西、浙江、安徽、江苏、山东、上海六省一市自然分布的石松类和蕨类植物计 35 科 115 属 588 种。本书参考了各相关植物志，并通过研究对每个种进行了学名、原始文献、重要异名、华东分布点和凭证标本等认证和修订；同时提出了 76 个存疑种，有待进一步研究。

　　曾经的蕨类植物（广义）经过近 20 年的系统学研究已确定包括两个谱系：石松类和蕨类（狭义），而且后者才是种子植物的姐妹群。本书采用了分子系统学研究的PPG I 系统，为国内石松类和蕨类植物的分类和研究提供了基础资料。

　　本书作者——严岳鸿团队是目前国内石松类和蕨类植物研究的重要力量，具有很好的植物系统与分类研究基础，近年来，对石松类和蕨类植物有很深入的研究。在调查和编写过程中，他们参阅了大量文献和国内外许多标本馆标本，进行了认真的分析，无疑实现了华东地区石松类和蕨类植物研究的继承和发展，为华东地区生物多样性与生物资源的保护利用做出了贡献。

浙江大学

2021 年 7 月于杭州

前言

中国华东地区包括福建省、江西省、浙江省、安徽省、江苏省、山东省和上海市，位于中国大陆东部沿海，纬度范围为 23° 34' ~38° 23' N，经度范围为 113° 34'~122° 43' E，主要气候类型为亚热带季风气候至温带季风气候。华东地区是我国人口密度最大、经济最发达的地区之一，陆地面积为 79.3 万平方公里，占我国陆地总面积的 8.3%，同时承载了我国 30.0% 的人口（第七次全国人口普查数据），2020 年国内生产总值占全国的 38.1%。在人类活动的强烈影响下，华东地区的石松类与蕨类植物有哪些科、属、种，分布在什么地方——这是一个值得认真回答的问题。

关于华东地区石松类与蕨类植物多样性最直接的资料是《中国植物志》、*Flora of China*，以及各省份的植物志、相关名录。然而，随着时间的推移，不断有新物种被发表，新分布物种被发现，系统学研究也将许多类群的名称进行了修订，基于分子系统学的 PPG I 系统将原有的科属关系进行了较大的调整，华东地区到底有哪些石松类与蕨类植物、每个物种是什么模样、它们分布在哪里，逐渐变得模糊不清。我们对已有文献资料进行了汇总和系统的梳理，对每个种和每个名称进行了考证，列出其中名、拉丁学名和命名的原始发表文献，以及常见的异名，更正了原始资料中的分类鉴定及拼写错误，以保证物种命名的权威性。本书物种名称的主要依据为 *Flora of China* 第 1~2 卷。

为了更好地了解华东地区石松类和蕨类植物的现状，在科技部科技基础性工作专项"华东黄山—天目山脉及仙霞岭—武夷山脉生物多样性调查"之"华东蕨类植物多样性调查"子课题的支持下，上海辰山植物园蕨类植物研究组成员对华东地区重要的山系，如仙霞岭山脉（九龙山、牛头山、白马山）、武夷山山脉（武夷山西北坡和东南坡）、天目山山脉（浙江清凉峰、西天目山、龙王山、大明山）、黄山山脉（黄山、牯牛降、齐云山、安徽清凉峰）、大别山山脉（白马尖、天堂寨、天柱山），以及江苏宝华山，山东泰山、崂山、云蒙山、徂徕山等地进行系统的野外考察，采集、鉴定石松类与蕨类植物标本 3000 余号，为本书的工作奠定了坚实的基础，也成为本书的一大亮点。

　　为每一个收录的物种选择符合物种描述且采自华东地区的凭证标本，使物种名称与实体相联系，做到有据可查，是本书的另一大特色和亮点。中国数字植物标本馆网站 (www.cvh.ac.cn) 和中国国家标本资源平台网站 (www.nsii.org.cn) 两大数据平台汇总了国内各大标本馆的数字标本，为凭证标本的查阅提供了极大的方便。

　　为生物多样性进行编目，"摸清家底"，是对华东地区石松类与蕨类植物资源进行保护和利用的第一步，愿本书能为后续的科学研究、生物多样性保育、资源开发、科普教育等工作提供有用的信息。

　　　　　　　　　　　　　　　　　　　　　　　　严岳鸿　金冬梅

　　　　　　　　　　　　　　　　　　　　　　　　2021 年 7 月

目 录

CONTENTS

华东石松类与蕨类植物概况

1. 华东石松类与蕨类植物多样性

根据文献、标本整理和野外实地考察的结果，按PPG I 系统，华东地区自然分布的石松类和蕨类植物有 35 科 115 属 588 种（含 35 变种 1 变型）。根据《中国生物物种名录·第一卷 植物·蕨类植物》（严岳鸿等，2016），我国的石松类和蕨类植物有 40 科 178 属 2147 种。华东地区分布着中国石松类与蕨类植物中 87.5% 的科、64.6% 的属、约 1/4 的种。

在 PPG I 系统的框架下，考察华东地区石松类与蕨类植物各科的多样性（见图1），可以发现多样性最丰富的 5 个科全部来自较为年轻的水龙骨目（Polypodiales），按物种丰富度由高到低依次为鳞毛蕨科（Dryopteridaceae）113 种、蹄盖蕨科（Athyriaceae）77 种、凤尾蕨科（Pteridaceae）71 种、水龙骨科（Polypodiaceae）70 种、金星蕨科（Thelypteridaceae）55 种，共计 386 种，涵盖了华东地区石松类和蕨类植物的 65.8%；而在华东地区仅有 1 个物种的科有 7 个，分别是松叶蕨科（Psilotaceae）、合囊蕨科（Marattiaceae）、双扇蕨科（Dipteridaceae）、金毛狗蕨科（Cibotiaceae）、轴果蕨科（Rhachidosoraceae）、肠蕨科（Diplaziopsidaceae）和球子蕨科（Onocleaceae）。

2. 华东特有石松类与蕨类植物

根据物种的自然分布范围，华东地区特有的石松类和蕨类植物共有 17 种，分别是水韭科（Isoëtaceae）的保东水韭（*Isoëtes baodongii*）、中华水韭（*I. sinensis*）、东方水韭（*I. orientalis*），碗蕨科（Dennstaedtiaceae）的皖南鳞盖蕨（*Microlepia modesta*），凤尾蕨科的昌化铁线蕨（*Adiantum subpedatum*），金星蕨科的武夷山凸轴蕨（*Metathelypteris wuyishanica*）、微毛金星蕨（*Parathelypteris glanduligera* var. *puberula*），蹄盖蕨科的瘦叶蹄盖蕨（*Athyrium deltoidofrons* var. *gracillimum*）、中间蹄盖蕨（*A. intermixtum*）、昴山蹄盖蕨（*A. maoshanense*）、松谷蹄盖蕨（*A. vidalii* var. *amabile*）、山东对囊蕨（*Deparia shandongensis*）、日本双盖蕨（*Diplazium nipponicum*），肿足蕨科（Hypodematiaceae）的山东肿足蕨（*Hypodematium sinense*），鳞毛蕨科的福建贯众（*Cyrtomium conforme*）、卵状鞭叶耳蕨（*Polystichum conjunctum*）和普陀鞭叶耳蕨（*P. putuoense*）。

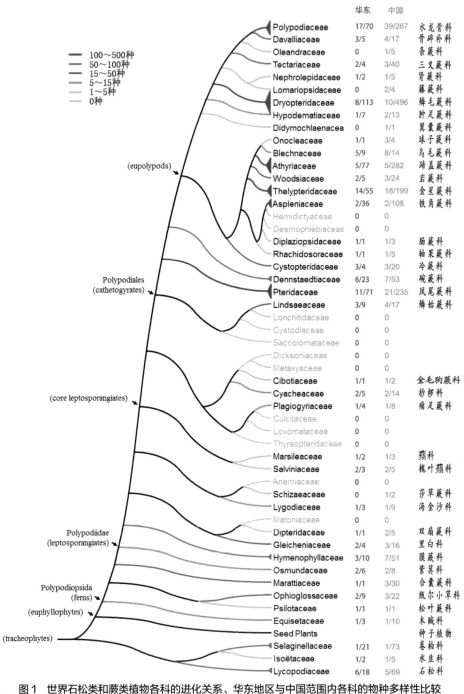

图1 世界石松类和蕨类植物各科的进化关系、华东地区与中国范围内各科的物种多样性比较

注：数字显示各科的属／种数；各科进化关系按照 PPG I 系统（The Pteridophyte Phylogeny Group, 2016）；中国各科属／种数引用《中国生物物种名录·第一卷 植物·蕨类植物》（严岳鸿等，2016）

3. 华东受威胁的石松类与蕨类植物

根据《中国高等植物受威胁物种名录》（覃海宁等，2017），华东地区受威胁的石松类和蕨类植物有23种。其中，极危（Critically Endangered）4种：直叶金发石杉（*Huperzia quasipolytrichoides* var. *rectifolia*）、东方水韭、亮叶鳞始蕨（*Lindsaea lucida*）和粗梗水蕨（*Ceratopteris pteridoides*）；濒危（Endangered）11种：长柄石杉（*H. javanica*）、卡罗利小石松（*Lycopodiella caroliniuna*）、中华水韭、黑边铁角蕨（*Asplenium speluncae*）、无鳞毛枝蕨（*Arachniodes sinomiqueliana*）、台湾鳞毛蕨（*Dryopteris formosana*）、边生鳞毛蕨（*D. handeliana*）、东京鳞毛蕨（*D. tokyoensis*）、黄山鳞毛蕨（*D. whangshangensis*）、雨蕨（*Gymnogrammitis dareiformis*）、戟叶石韦（*Pyrrosia hastata*）；易危（Vulnerable）8种：松叶蕨（*Psilotum nudum*）、仙霞铁线蕨（*Adiantum juxtapositum*）、水蕨（*Ceratopteris thalictroides*）、苏铁蕨（*Brainea insignis*）、羽裂崇澍蕨（*Chieniopteris kempii*）、长叶蹄盖蕨（*Athyrium elongatum*）、全缘贯众（*Cyrtomium falcatum*）和卵状鞭叶耳蕨（*Polystichum conjunctum*）。其中既是华东地区特有种，又是受威胁物种的有东方水韭和中华水韭两种。

4. 华东六省一市石松类与蕨类植物的多样性热点地区

华东六省一市石松类和蕨类植物的物种丰富度（见表1）总体上由南向北呈降低趋势。物种数超过400种的三个省为江西（450）、浙江（422）、福建（406）；随后是安徽（302）、江苏（162）、山东（100）；上海面积较小，其物种多样性也相对较低（58）。从目前的数据看，福建省的石松类和蕨类植物多样性比江西省、浙江省低，考虑到福建省纬度最低，且有较大面积的山地、森林、沿海湿地、海岛等丰富多样的生境，而目前考察较为集中的是其北部的武夷山地区，我们推测在福建南部仍有不少石松类和蕨类植物等待研究人员考察和记录。

表1　华东六省一市石松类和蕨类植物科、属、种数量

	福建	江西	浙江	安徽	江苏	山东	上海
科数	32	34	34	27	26	18	20
属数	104	101	98	74	60	37	35
种数	406	450	422	302	162	100	58

根据本书收录的华东石松类与蕨类植物每一个物种的产地，统计出华东各县（区、市）的物种数，制作了华东六省一市各县（区、市）的石松类与蕨类植物多样性分布图（见图2）。华东石松类和蕨类植物的多样性热点地区大体上与华东地区重要山脉的位置相一致，主要分布在福建、浙江、江西三省交界地附近的武夷山—仙霞岭山脉（包括武夷山区的铅山、茫荡山等，以及仙霞岭的

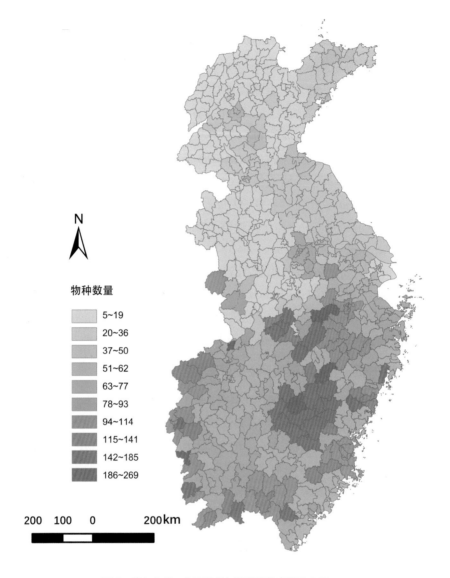

N

物种数量

	5~19
	20~36
	37~50
	51~62
	63~77
	78~93
	94~114
	115~141
	142~185
	186~269

200 100 0 200km

图2 华东六省一市石松类与蕨类植物多样性分布

九龙山、白马山、牛头山、江郎山等），安徽与浙江交界附近的黄山—天目山山脉（包括牯牛降、九华山、黄山、清凉峰、天目山、龙王山以及浙北苏南丘陵等），江西西部的罗霄山脉（包括武功山、井冈山、齐云山等）以及安徽西部的大别山山脉（包括天堂寨、白马尖、天柱山等）。多样性排名居前五的县级区域全部位于南方三省，分别为福建南平市武夷山市（269）、江西九江市庐山区（234）、浙江丽水市遂昌县（222）、浙江杭州市临安区（214）、江西吉安市井冈山市（198）。福建省石松类与蕨类植物多样性的热点地区主要集中在南平市武夷山市（269）及其周边地区，其他零星分布的热点地区有漳州市南靖县（161）、宁德市屏南县（139）、龙岩市上杭县（129）以及泉州市德化县（122）。江西省的多样性热点地区主要有九江市庐山区（234）、吉安市井冈山市（198）、上饶市铅山县（175）、赣州市崇义县（147）和寻乌县（145）等。浙江省的多样性热点地区为丽水市遂昌县（222）及其周边地区、杭州市临安区（214）和淳安县（155）、温州市泰顺县（162）、衢州市开化县（162）等。安徽省的多样性热点地区有黄山市黄山区（155）及其周边地区、池州市石台县（116）、六安市金寨县（96）、安庆市潜山县（90）和岳西县（85）等。江苏省的多样性热点地区有无锡市宜兴市（111）、南京市玄武区（64）、镇江市句容市（64）、常州市溧阳市（54）、苏州市常熟市（53）等。山东省的多样性热点区域有青岛市崂山区（55）、临沂市平邑县（53）及其周边地区、泰安市泰山区（52）及其周边地区、烟台市（43）等。上海市石松类和蕨类植物多样性较高的区域有金山区（47）、松江区（43）、崇明区（31）等。

5. 华东六省一市石松类与蕨类植物的相似性

对华东六省一市石松类与蕨类植物物种组成的相似性进行分析，结果如表2所示。福建与江西的共有物种数为341，占福建物种数的84%；而福建与江苏的共有物种数为129，占福建物种数的32%。除上海外，自江西向北，各省份与福建的共有物种数及其占福建物种数的比例依次降低；其他省份与其北部各省份的共有物种数与比例亦是自南向北依次降低。江西与浙江的共有物种数（369）最多；浙江与安徽的共有物种数为268，占安徽物种数的89%；94%的江苏物种也分布于浙江；安徽与山东的共有物种数为73，占山东物种数的73%；分布于上海的物种在浙江都有分布，95%以上在江西、安徽、江苏和福建也有分布，而仅57%在山东也有分布。

表2　华东六省一市石松类与蕨类植物共有物种数和比例

省份	福建	江西	浙江	安徽	江苏	山东	上海
福建	406	84%,76%	78%,75%	53%,71%	32%,80%	12%,50%	14%,95%
江西	341	450	82%,87%	59%,88%	33%,91%	15%,67%	13%,98%
浙江	318	369	422	64%,89%	36%,94%	17%,70%	14%,100%
安徽	215	266	268	302	49%,92%	24%,73%	19%,98%
江苏	129	147	152	149	162	43%,69%	35%,98%
山东	50	67	70	73	69	100	33%,57%
上海	55	57	58	57	57	33	58

注：左下角各单元格的数值表示行省份与列省份的共有物种数；右上角各单元格中两个百分数分别表示共有物种数占对应省份物种数的比例（前）与占列省份物种数的比例（后）

石松科 Lycopodiaceae

笔直石松属 *Dendrolycopodium* A. Haines

笔直石松 *Dendrolycopodium verticale* (Li Bing Zhang) Li Bing Zhang & X. M. Zhou, Phytotaxa 295: 199. 2017.

异名：*Lycopodium verticale* Li Bing Zhang, Fl. China 2-3: 29. 2013.

产地：江西铅山、遂川。

分布：江西、浙江、安徽、重庆、贵州、湖北、湖南、陕西（秦岭）、山西、四川、台湾、西藏东部、云南东北部。日本。

凭证标本：江西武夷山自然保护区桐木关至黄岗山途中，周喜乐、刘子玥、刘以诚、李春香、李中阳 ZXL06675（CSH）；江西武夷山叶家厂大坑，顾钰峰、夏增强 YYH15414（CSH）；江西遂川县，孙键、赵万义、张忠 LXP13-7255（SYS）。

石杉属 *Huperzia* Bernhardi

中华石杉 *Huperzia chinensis* (Herter ex Nessel) Ching, Acta Bot. Yunnan. 3: 304. 1981.

产地：福建武夷山。

分布：福建（陈新艳，2019）、陕西、湖北、四川。

凭证标本：福建武夷山黄岗山顶，陈新艳、陈善思等 WY20180834（FJFC）。

锡金石杉 *Huperzia herteriana* (Kümmerle) T. Sen & U. Sen, Fern Gaz. 11: 415. 1978.

产地：安徽黄山。

分布：安徽（韦宏金等，2019）、重庆、贵州（雷公山）、四川西部、西藏南部和东南部、云南（贡山）。不丹、印度东北部、尼泊尔。

凭证标本：安徽省黄山市黄山风景区，金摄郎 JSL5296（CSH）。

长柄石杉 *Huperzia javanica* (Sw.) Fraser Jenk., Taxon. Revis. Indian Subcontinental Pteridophytes 10. 2008.

异名：蛇足石杉 *Lycopodium serratum* Thunberg in Murray, Syst. Veg., ed. 14, 944. May-Jun 1784.

产地：华东山区广布。

分布：全国除西北地区部分省份、华北地区外均有分布。日本、朝鲜半岛、泰国、越南、老挝、柬埔寨、印度、尼泊尔、缅甸、斯里兰卡、菲律宾、马来西亚、印度尼西亚、俄罗斯、太平洋岛屿、大洋洲、中美洲。

凭证标本: 福建龙岩市小池黄连盂，陈恒彬 487(PE)；江西武宁县九一四林场，谭策铭 9604101(PE)；浙江省淳安县甘坪黄坞，杭植标 2171(HZ)；安徽省休宁县齐云山，金摄郎 JSL5416、JSL5699(CSH)。

昆明石杉 *Huperzia kunmingensis* Ching, Acta Bot. Yunnan. 3(3)：297. 1981

产地: 福建长汀；江西武功山。

分布: 福建（温桂梅等，2020）、江西、广西、云南、贵州。

凭证标本: 福建长汀县童坊镇长春村白沙岭，陈炳华等 CBH03550(FNU)。

金发石杉 *Huperzia quasipolytrichoides* (Hayata) Ching, Acta Bot. Yunnan. 3：299. 1981.

异名: 黄山石杉 *Huperzia whangshanensis* Ching & P. S. Chiu in Acta Bot. Yunan. 3: 299. 1981; Fl. Anhui 1:19, f. 3. 1985.

产地: 江西玉山；安徽黄山、霍山。

分布: 江西、安徽、湖南、台湾。日本。

凭证标本: 江西玉山县三清山，徐声修 91053(JXU)；安徽霍山，邓懋彬、姚淦 80661(NAS)。

直叶金发石杉 *Huperzia quasipolytrichoides* var. *rectifolia* (J. F. Cheng) H. S. Kung & Li Bing Zhang , Acta Phytotax. Sin. 36: 528. 1998.

异名: 直叶黄山石杉 *Huperzia whangshanensis* var. *rectifolia* J. F. Cheng , Fl. Jiangxi 1: 27, 505. 1993.

产地: 江西湖口鞋山。

分布: 江西、湖南、台湾。日本。

凭证标本: 江西湖口县鞋山，熊耀国 07105(LBG)。

四川石杉 *Huperzia sutchueniana* (Herter) Ching, Acta Bot. Yunnan. 3: 297. 1981.

异名: 稀齿石杉 *Huperzia minimadenta* J. F. Chen, Bull. Bot. Res. 7(3)：113. 1987; Fl. Jiangxi 1: 25, f. 9. 1993.

产地: 福建建宁、上杭；江西庐山、武功山、井冈山、黎川；浙江庆元、江山、临安、桐庐；安徽黄山、霍山、金寨、岳西。

分布: 福建、江西、浙江、安徽、重庆、贵州、湖北、湖南、四川。

凭证标本: 福建上杭县梅花山自然保护区狗子脑，何强 11449(PE)；江西井冈山笔架山，李中阳、卫然 JGS001(PE)；浙江庆元，毛宗国 10138(HHBG)；安徽省安庆市岳西县，严岳鸿、金摄郎 JSL3954(CSH)。

藤石松属 *Lycopodiastrum* Holub ex R. D. Dixit

藤石松 *Lycopodiastrum casuarinoides* (Spring) Holub ex R. D. Dixit, J. Bombay Nat. Hist. Soc. 77: 541. 1981.

异名：石子藤石松 *Lycopodium casuarinoides*(Spring)Holub in Preslia 47: 103. 1975; Fl. Jiangxi 1: 23. f. 7. 1993.

产地：福建各地；江西南部丘陵；浙江温州、龙泉、庆元、平阳。

分布：福建、江西、浙江、重庆、广东、广西、贵州、海南、湖北、湖南、四川、台湾、西藏、香港、云南。不丹、印度、日本、尼泊尔、亚洲东南部一直到巴布亚新几内亚。

凭证标本：福建屏南县南峭村周边，顾钰峰、金冬梅、魏宏宇 SG2260(CSH)；江西武夷山保护区岑源擂鼓岭，严岳鸿、魏作影、夏增强 YYH15220(CSH)；江西井冈山，赖书绅、杨如菊、黄大付 4376(IBK)；浙江龙泉大脉际，章绍尧 4278(PE)。

小石松属 *Lycopodiella* Holub

卡罗利小石松 *Lycopodiella caroliniana* (Linnaeus) Pichi Sermolli, Webbia. 23(1): 165. 1968.

异名：*Lycopodium carolinianum* Linnaeus, Sp. Pl. 2: 1101. 1753.

产地：福建南平、上杭。

分布：福建、广东、湖南、香港。印度、日本、斯里兰卡、非洲、美洲。

凭证标本：福建南平茫荡山，何国生 1595(FJSI)；福建上杭县百结岭，林镕 4112(FJSI)。

石松属 *Lycopodium* Linnaeus

垂穗石松 *Lycopodium cernuum* Linnaeus, Sp. Pl. 2: 1103. 1753.

异名：*Palhinhaea cernua*（Linnaeus）Vasc. & Franco in Bol. Soc. Brot. ser. 2, 41: 25. 1967; Fl. Jiangxi 1: 21, f. 5. 1993; Fl. Zhejiang 1: 6, f. 1-6. 1993.

产地：福建各地；江西各地；浙江杭州—镇海以南的低山丘陵；安徽池州。

分布：福建、江西、浙江、安徽、澳门、重庆、广东、广西、贵州、海南、湖北、湖南、四川、台湾、西藏、香港、云南。亚洲热带和亚热带地区、美洲中部和南部、太平洋岛屿。

凭证标本：福建龙海市九龙岭，谭策铭 971622(PE)；江西吉安市安福县武功湖，张代贵、陈功锡 LXP-06-0037（JIU）；浙江开化县苏庄镇古田山自然保护区（至古田庙），金摄郎、魏宏宇、张娇 JSL5754（CSH）。

扁枝石松 *Lycopodium complanatum* Linnaeus, Sp. Pl. 2: 1104. 1753.

异名: *Diphasiastrum complanatum*（Linnaeus）Holub in Preslia 47: 108, 232. 1975; Fl. Jiangxi 1: 22, f. 6. 1993: F1. Zhejiang 1: 6, f. 1-5. 1993.

产地: 江西武夷山、井冈山；浙江临安、龙泉、庆元。

分布: 江西、浙江、安徽、重庆、广东、广西、贵州、河南、黑龙江、海南、湖北、湖南、吉林、辽宁、内蒙古、四川、台湾、西藏、新疆、云南。广布于温带和亚热带地区。

凭证标本: 江西武夷山自然保护区桐木关至黄岗山途中，周喜乐、刘子玥、刘以诚、李春香、李中阳 ZXL06676（CSH）；浙江龙泉凤阳山黄矛尖，anonymous HTC0008663（HTC）。

石松 *Lycopodium japonicum* Thunberg in Murray, Syst. Veg., ed. 14. 944. May-Jul 1784.

产地: 福建各地；江西各地；浙江山地；安徽黄山、石台；江苏宜兴；上海松江。

分布: 全国广布（北部和东北部除外）。不丹、柬埔寨、印度、日本、老挝、缅甸、尼泊尔、越南。

凭证标本: 福建武夷山三港至高桥途中，武夷山考察队 80-0111（WUK）；江西崇义齐云山自然保护区上堡，严岳鸿、周喜乐、王兰英 3993（HUST）；浙江遂昌县白马山，商辉、张锐、于俊浩 SG2956（CSH）。

玉柏 *Lycopodium obscurum* Linnaeus, Sp. Pl. 2: 1102. 1753.

产地: 福建武夷山；江西武宁、井冈山、遂川；浙江遂昌；安徽金寨。

分布: 福建、江西、浙江、安徽、重庆、黑龙江、湖南、吉林、辽宁、四川、西藏。日本、韩国、俄罗斯、北美洲。

凭证标本: 福建武夷山，何国生 7756（IBSC）；江西武宁，熊耀国 04026（LBG）；江西井冈山，严岳鸿、周劲松 3309（HUST）；安徽金寨，邓懋彬 81776（NAS）。

马尾杉属 *Phlegmariurus* (Herter) Holub

华南马尾杉 *Phlegmariurus austrosinicus* (Ching) Li Bing Zhang, Fl. Reipubl. Popularis Sin. 6(3): 42. 2004.

异名: 华南石杉 *Huperzia austrosinica* Ching, Acta Bot. Yunan. 3（3）: 298. 1981; Fl. Jiangxi 1:26, f. 11. 1993.

产地: 江西靖安、寻乌。

分布：江西、重庆、广东、广西、贵州、湖南、四川、香港、云南。中国特有。

凭证标本：江西省靖安县三爪仑乡石岭村，谭策铭、谢国文 95329A（JJF）；江西省寻乌县，程景福 40006（JXU）。

柳杉叶马尾杉 *Phlegmariurus cryptomerianus* (Maximowicz) Ching ex H. S. Kung & Li Bing Zhang, Acta Phytotax. Sin. 37: 51. 1999.

产地：福建龙岩；江西铅山；浙江开化；安徽黄山。

分布：福建（顾钰峰等，2015）、江西（魏作影等，2020）、浙江、安徽（韦宏金等，2017）、台湾。印度、日本、韩国、菲律宾。

凭证标本：福建龙岩市梅花山保护区，商辉、顾钰峰 SG051（CSH）；浙江开化县齐溪镇钱江源风景区，金摄郎、魏宏宇、张娇 JSL5842（CSH）；安徽黄山市汤口镇云谷寺附近，韦宏金，舒江平，赵国华，张锐 JSL3250（CSH）。

福氏马尾杉 *Phlegmariurus fordii* (Baker) Ching, Acta Bot. Yunnan. 4: 126. 1982.

异名：*Lycopodium fordii* Baker, Handb. Fern Allies 17. 1887; Fl. Fukien 1: 9. 1982.

产地：福建龙岩、连城、德化、永泰、武夷山、屏南；江西南部；浙江庆元、乐清、泰顺。

分布：福建、江西、浙江、重庆、广东、广西、贵州、海南、湖南、四川、台湾、香港、云南。印度、日本。

凭证标本：福建屏南县白水洋风景区，顾钰峰、金冬梅、魏宏宇 SG2191（CSH）；江西龙南县九连山大丘田，张宪春、陈拥军等 1880（PE）；浙江泰顺县，张朝芳 9180（PE）。

闽浙马尾杉 *Phlegmariurus mingcheensis* Ching, Acta Bot. Yunnan. 4: 125. 1982.

异名：闽浙石松 *Lycopodium mingcheense* Ching, Fl. Fukien 1:597. f. 6. 1982.

产地：福建上杭、建阳、武夷山；江西庐山、德兴、井冈山、大余、崇义；浙江山地；安徽黄山、休宁、歙县、绩溪。

分布：福建、江西、浙江、安徽、重庆、广东、广西、海南、湖南、四川。中国特有。

凭证标本：福建上杭县步云乡，何国生 10290（PE）；江西崇义齐云山石碑头，严岳鸿、何祖霞 3581（HUST）；浙江江山廿八都镇浮盖山，金摄郎、舒江平、赵国华、张锐 JSL3204（CSH）；安徽宣城绩溪伏岭镇永来村龙之石水电站，金摄郎、魏宏宇、张娇 JSL6140（CSH）。

──────── **水韭科 Isoëtaceae** ────────

水韭属 *Isoëtes* Linnaeus

保东水韭 *Isoëtes baodongii* Y. F. Gu, Y. H. Yan & Yi J. Lu, Novon. 29: 206. 2021.

产地：浙江诸暨。

分布：浙江。华东特有。

凭证标本：浙江诸暨市五泄风景区，顾钰峰 Fern 08946（PE，CSH）。

东方水韭 *Isoëtes orientalis* H. Liu & Q. F. Wang, Novon. 16: 164. 2005.

产地：福建泰宁；浙江松阳。

分布：福建、浙江。华东特有。

凭证标本：福建泰宁县峨嵋峰湿地，陈炳华 CBH01330；浙江丽水松阳县枫坪乡箬寮原始林风景区，张庆费、钟鑫、易逸瑜、杨子欣、李晓晨 ZX02163（CSH）。

中华水韭 *Isoëtes sinensis* Palmer, Amer. Fern J. 17: 111. 1927.

产地：江西铜鼓、泰和、彭泽；浙江杭州、建德、诸暨、丽水、宁波、台州；安徽当涂、屯溪、休宁；江苏南京。

分布：江西、浙江、安徽、江苏。华东特有。

凭证标本：江西铜鼓县永宁镇八亩田村，周建军、喻勋林 14103001（CSFI）；浙江天台县华顶山，金孝锋 1487（HTC）。

卷柏科 Selaginellaceae

卷柏属 *Selaginella* P. Beauvois

二形卷柏 *Selaginella biformis* A. Braun ex Kuhn, Forschungsr. Gazelle. 4(Bot. 6): 17. 1889.

产地： 江西武宁；浙江天台。

分布： 江西、浙江、广东、广西、贵州、海南、湖南、香港、云南。印度、印度尼西亚、日本、老挝、马来西亚、缅甸、菲律宾、斯里兰卡、泰国、越南。

凭证标本： 江西武宁九一四林场，谭策铭 9604071A（IBSC）；浙江天台山，C.Y. Chiao PEY0028789（PEY）。

布朗卷柏 *Selaginella braunii* Baker, Gard. Chron. 1867: 1120. 1867.

产地： 江西铅山、都昌、瑞金、景德镇；浙江杭州、建德、诸暨、江山、金华、磐安、松阳、乐清、温州、文成、泰顺；安徽祁门、池州。

分布： 江西、浙江、安徽、重庆、贵州、海南、湖北、湖南、四川、云南。马来西亚。

凭证标本： 浙江江山石门镇江郎山，金摄郎、舒江平、赵国华、张锐 JSL3082（CSH）；浙江乐清雁荡山灵岩寺后地带，王景祥、陈根蓉 1539（PE）。

蔓生卷柏（蔓出卷柏）*Selaginella davidii* Franchet, Pl. David. 1: 344. 1884.

产地： 福建武夷山；江西南部；浙江龙泉、庆元、乐清；安徽休宁、铜陵、芜湖、萧县、宁国；江苏宜兴；山东泰山、蒙山等山区。

分布： 福建、江西、浙江、安徽、江苏、山东、北京、重庆、甘肃、广东、广西、贵州、河北、河南、湖北、湖南、宁夏、山西、陕西、四川、天津、西藏、云南。中国特有。

凭证标本： 福建武夷山，秦仁昌 180（PE）。

薄叶卷柏 *Selaginella delicatula* (Desvaux ex Poiret) Alston, J. Bot. 70: 282. 1932.

产地： 福建南平、南靖、上杭、永泰；江西丘陵山地；浙江临安、开化、江山、松阳、缙云、乐清、瑞安、泰顺；安徽休宁。

分布： 福建、江西、浙江、安徽、澳门、重庆、广东、广西、贵州、海南、湖北、湖南、四川、台湾、香港、云南。不丹、柬埔寨、印度、印度尼西亚、老挝、马来西亚、缅甸、尼泊尔、菲律宾、斯里兰卡、泰国、越南。

凭证标本: 福建南平市延平区茫荡镇, 严岳鸿、金摄郎、舒江平 JSL5181(CSH); 江西靖安县石境, 张吉华 97012(SZG); 浙江开化县苏庄镇古田山自然保护区, 金摄郎、魏宏宇、张娇 JSL5763(CSH); 安徽休宁齐云山风景区, 金摄郎 JSL5399(CSH)。

深绿卷柏 *Selaginella doederleinii* Hieronymus, Hedwigia. 43: 41. 1904.

产地: 福建各地; 江西各地; 浙江江山、开化、遂昌、龙泉、庆元、缙云、乐清、温州、泰顺、平阳、苍南; 安徽黟县、休宁。

分布: 福建、江西、浙江、安徽、澳门、重庆、广东、广西、贵州、海南、湖北、湖南、四川、台湾、香港、云南。印度、日本、马来西亚、泰国、越南。

凭证标本: 福建三明永安市桃源洞, 曾宪锋 ZXF20808(CZH); 江西武夷山自然保护区岑源擂鼓岭, 严岳鸿、魏作影、夏增强 YYH15173(CSH); 浙江开化古田山自然保护区, 金摄郎、魏宏宇、张娇 JSL5786(CSH)。

小卷柏 *Selaginella helvetica* (Linnaeus) Link, Fil. Spec. 159. 1841.

产地: 安徽金寨、怀宁; 山东泰山、崂山、沂山、蒙山、艾山等山区。

分布: 安徽、山东、北京、甘肃南部、河北、河南、黑龙江、吉林、辽宁、内蒙古、青海、山西、陕西、四川、西藏、云南。印度北部、日本、韩国、蒙古、尼泊尔、俄罗斯、欧洲。

凭证标本: 安徽金寨姚淦 K. Yao 9825(NAS); 山东泰山, 崔顺昌 76(PE)。

异穗卷柏 *Selaginella heterostachys* Baker, J. Bot. (Hooker). 23: 177. 1885.

产地: 福建福州、德化、南平、上杭、武夷山、古田; 江西庐山、资溪、定南; 浙江丘陵山地; 安徽歙县、休宁。

分布: 福建、江西、浙江、安徽、澳门、重庆、甘肃、广东、广西、贵州、海南、河南、湖南、四川、台湾、香港、云南。中国特有。

凭证标本: 福建宁德古田县招坑村, 兰艳黎 07231(HUST); 江西芦溪县武功山, 吴磊、祁世鑫 1378(HUST); 浙江开化古田山自然保护区, 金摄郎、魏宏宇、张娇 JSL5723(CSH); 安徽祁门安凌镇大洪岭林场, 金摄郎 JSL5528(CSH)。

兖州卷柏 *Selaginella involvens* (Swartz) Spring, Bull. Acad. Roy. Sci. Bruxelles. 10: 136. 1843.

产地: 福建各地; 江西丘陵山地; 浙江杭州、淳安、遂昌、乐清、文成、泰顺、江山; 安徽黄山、池州、岳西、舒城、石台。

分布: 福建、江西、浙江、安徽、重庆、甘肃、广东、广西、贵州、海南、河南、湖北、湖南、陕西、四川、台湾、西藏、香港、云南。不丹、印度、日本、韩国、老挝、马来西亚、缅甸、尼泊尔、菲律宾、斯里兰卡、泰国、越南。

凭证标本: 福建泉州市武陵农场,李书明 Y071(华侨大学);江西芦溪县武功山,吴磊、祁世鑫 1393(HUST);浙江遂昌九龙山自然保护区罗汉源点,金摄郎、李晓晨、沈彬 JSL3501(CSH);安徽岳西主簿镇枯井园自然保护区,金摄郎 JSL2972、JSL2996(CSH)。

细叶卷柏 *Selaginella labordei* Hieronymus ex Christ, Bull. Acad. Int. Géogr. Bot. 11: 272. 1902.

产地: 福建武夷山、德化;江西庐山、武宁、修水、宜春、铅山、定南;浙江临安、淳安、江山、遂昌、龙泉、庆元、缙云;安徽黄山、歙县、休宁、石台、舒城。

分布: 福建、江西、浙江、安徽、重庆、甘肃南部、广西、贵州、河南、湖北、湖南、青海、陕西、四川、台湾、西藏、香港、云南。缅甸。

凭证标本: 福建武夷山市华光庙,裴佩熹 1837(PE);江西庐山仰天坪,谭策铭、易桂花、董安森 081760(JJF);江西武夷山自然保护区篁碧金坑,顾钰峰、袁泉 YYH15329(CSH);安徽黄山风景区,金摄郎 JSL5283(CSH)。

具边卷柏(耳基卷柏) *Selaginella limbata* Alston, J. Bot. 70: 62. 1932.

产地: 福建德化、龙岩、武夷山、连城、南靖;江西南部;浙江泰顺。

分布: 福建、江西、浙江、广东、广西、湖南、香港。日本。

凭证标本: 福建武夷山,周喜乐、金冬梅、王莹 ZXL05591(CSH);福建南靖和溪乡斗美村,陈恒彬 903(FJSI);江西安远,刘良源、叶红斌 07012(JJF);江西寻乌上坪分场七一大队,程景福 40136(PE)。

江南卷柏 *Selaginella moellendorffii* Hieronymus, Hedwigia. 41: 178. 1902.

产地: 福建各地;江西各地;浙江丘陵山地;安徽黄山、歙县、太平、池州、铜陵、芜湖;江苏宜兴、苏州。

分布: 福建、江西、浙江、安徽、江苏、重庆、甘肃、广东、广西、贵州、海南、河南、湖北、湖南、陕西、四川、台湾、香港、云南。日本、菲律宾、越南、柬埔寨。

凭证标本: 福建三明永安市桃源洞,曾宪锋 ZXF20801(CZH);江西婺源县江湾镇篁岭,谭策铭、易桂花 15091216(JJF);安徽歙县清凉峰保护区朱家舍点,金摄郎、魏宏宇、张娇 JSL6085(CSH)。

伏地卷柏 *Selaginella nipponica* Franchet & Savatier, Enum. Pl. Jap. 2: 199, 615. 1879.

产地: 福建各地;江西庐山、新建、萍乡、宜黄、南丰、安远;浙江各地;安徽九华山、休宁、和县、霍山；江苏连云港、南京、镇江、苏州；山东泰山；上海崇明、金山。

分布：福建、江西、浙江、安徽、江苏、上海、山东、重庆、甘肃、广东、广西、贵州、河南、湖北、湖南、青海、山西、陕西、四川、台湾、西藏、香港、云南。日本。

凭证标本：江西龙南县九连山花露，张宪春、陈拥军等 1915（PE）；浙江临安西天目山，金摄郎、张锐、刘莉 JSL4336（CSH）；安徽绩溪清县伏岭镇永来村，金摄郎、魏宏宇、张娇 JSL6154（CSH）。

黑顶卷柏 *Selaginella picta* A. Braun ex Baker, J. Bot. 23: 19. 1885.

产地：江西南部。

分布：江西、广东、广西、贵州、海南、西藏、云南。柬埔寨、印度（阿萨姆邦）、老挝、缅甸、泰国、越南。

凭证标本：江西龙南县九连山新开途，张宪春、陈拥军等 1812、1813（PE）；江西寻乌桂竹帽林场东南山谷交子坝，胡启明 1648（PE）。

垫状卷柏 *Selaginella pulvinata* (Hooker & Greville) Maximowicz, Mém. Acad. Imp. Sci. Saint Pétersbourg, sér. 7. 9: 335. 1859.

产地：福建南靖、德化、连城；江西北部；山东烟台。

分布：福建、江西、山东、北京、重庆、甘肃、广西、贵州、河北、河南、湖北、湖南、辽宁、山西、陕西、陕西、四川、台湾、西藏、云南。印度北部、韩国、蒙古、尼泊尔、俄罗斯（西伯利亚）、泰国、越南。

凭证标本：江西黎川县宏村镇龙头寨，童和平、王玉珍 0020（JJF）；山东昆嵛山，生物九四 94-007-20-1（BNU）。

疏叶卷柏 *Selaginella remotifolia* Spring in Miquel, Pl. Jungh. 3: 276. 1854.

产地：福建长汀、建阳、武夷山、屏南、武平；江西安福、安远、寻乌、铅山、崇义、龙南；浙江淳安、江山、磐安、遂昌、龙泉、温州、庆元、乐清、平阳、苍南。

分布：福建、江西、浙江、重庆、广东、广西、贵州、湖北、湖南、四川、台湾、香港、云南。印度东北部、印度尼西亚（苏门答腊）、日本、尼泊尔、菲律宾。

凭证标本：福建武平县永平乡昭信村，陈恒彬 636（PE）；江西崇义县上堡乡竹溪，王兰英 W.139（HUST）；浙江遂昌九龙山自然保护区罗汉源保护站，韦宏金、钟鑫、沈彬 JSL3417（CSH）。

鹿角卷柏 *Selaginella rossii* (Baker) Warburg, Monsunia. 1: 101. 1900.

产地： 山东崂山、昆嵛山、石岛、烟台。

分布： 山东、黑龙江、吉林、辽宁。韩国、俄罗斯。

凭证标本： 山东烟台昆嵛山，刘全儒 977243、200907003（BNU）；山东青岛崂山 NAS00141779（NAS）。

中华卷柏 *Selaginella sinensis* (Desvaux) Spring, Bull. Acad. Roy. Sci. Bruxelles. 10: 137. 1843.

产地： 安徽萧县；江苏北部；山东青岛、滕州、微山。

分布： 安徽、江苏、山东、北京、河北、河南、黑龙江、湖北、吉林、辽宁、内蒙古、宁夏、山西、陕西、天津。中国特有。

凭证标本： 安徽萧县皇藏峪，叶康等 TZH-147（NAS）；江苏邳州市艾山，刘启新、熊豫宁 3392（NAS）；江苏徐州市，刘启新、熊豫宁 10-1-039（NAS）；山东滕州市界河镇龙山，郭成勇 053235-1（PE）。

旱生卷柏 *Selaginella stauntoniana* Spring, Mém. Acad. Roy. Sci. Belgique. 24: 71. 1850.

产地： 山东泰山、蒙山、徂徕山、千佛山、枣庄。

分布： 山东、北京、河北、河南、吉林、辽宁、宁夏、山西、陕西、台湾。韩国。

凭证标本： 山东泰山，贺士元 560357（BNU）；山东邹城市张庄镇，侯元同、郭成勇、徐连升 12010801（QFNU）。

卷柏 *Selaginella tamariscina* (P. Beauvois) Spring, Bull. Acad. Roy. Sci. Bruxelles. 10: 136. 1843.

产地： 华东山区广布。

分布： 福建、江西、浙江、安徽、江苏、山东、北京、重庆、广东、广西、贵州、海南、河北、河南、湖北、湖南、吉林、辽宁、内蒙古、青海、山西、陕西、四川、台湾、香港、云南。印度、日本、韩国、菲律宾、俄罗斯（西伯利亚）、泰国北部。

凭证标本： 福建泰宁龙安公社水尾，李明生 350（PE）；江西庐山太乙村白鹤涧，谭策铭、易发兵等 051165（JJF）；浙江安吉龙王山千亩田，金冬梅、罗俊杰、魏宏宇 Fern09862（CSH）；安徽岳西主簿镇枯井园保护区，金摄郎 JSL2986（CSH）。

毛枝卷柏 *Selaginella trichoclada* Alston, J. Bot. 70: 63. 1932.

产地： 福建南靖、长汀；江西瑞昌、宜丰、瑞金、寻乌；浙江金华、遂昌；安徽黄山、祁门、休宁、石台。

分布: 福建、江西、浙江、安徽、广东、广西、湖南。中国特有。

凭证标本: 福建南靖,裴佩熹 2842(PE);浙江遂昌九龙山大龙,裴佩熹、姚关虎 6019(NAS);安徽黄山市黄山区焦村镇汤家村,金摄郎 JSL5344、JSL5348(CSH)。

翠云草 *Selaginella uncinata* (Desvaux ex Poiret) Spring, Bull. Acad. Roy. Sci. Bruxelles. 10: 141. 1843.

产地: 福建各地;江西各地;浙江各地;安徽黄山、潜山天柱山、歙县清凉峰、休宁、宁国;江苏南部。

分布: 福建、江西、浙江、安徽、江苏、重庆、广东、广西、贵州、湖北、湖南、陕西、四川、台湾、香港、云南。中国特有。

凭证标本: 福建建阳区黄坑公社黄竹楼,Wuyi Exp. 1861(FJSI);江西武宁县严阳乡新宁镇西良村,谭策铭、张吉华、林家淮等 1505382(JJF);浙江临安西天目山,金摄郎、张锐、刘莉 JSL4259(CSH)。

木贼科 Equisetaceae

木贼属 *Equisetum* Linnaeus

问荆 *Equisetum arvense* Linnaeus, Sp. Pl. 2: 1061. 1753.

产地: 江西九江、瑞昌;浙江临安、富阳;安徽黄山、滁州琅琊山、和县、霍山、金寨、岳西;江苏苏州、无锡、苏北地区;山东各地;上海崇明、嘉定、青浦。

分布: 江西、浙江、安徽、江苏、山东、上海、北京、重庆、福建、甘肃、贵州、河北、河南、黑龙江、湖北、湖南、吉林、辽宁、内蒙古、宁夏、青海、山西、陕西、四川、天津、西藏、新疆、云南。不丹西部、印度北部、日本、韩国、蒙古、尼泊尔、俄罗斯、亚洲中部和西南部、欧洲、北美洲。

凭证标本: 江西九江县新洲南堤,谭策铭、易桂花 06292(JJF);安徽岳西青天乡牛草山,金摄郎 JSL4642(CSH);江苏连云港云台山三元宫,刘守炉、王希蕖 230(NAS);山东临沂云蒙山,商辉、汪浩 SG2175(CSH)。

节节草 *Equisetum ramosissimum* Desfontaines, Fl. Atlant. 2: 398. 1799.

产地: 华东地区广布。

分布: 福建、江西、安徽、浙江、江苏、山东、上海、北京、重庆、甘肃、广东、广西、贵州、海南、河北、黑龙江、河南、湖北、湖南、吉林、辽宁、内蒙古、宁夏、青海、陕西、山西、四川、台湾、天津、新疆、西藏、云南。孟加拉国、不丹、印度、印度尼西亚、日本、克什米尔地区、韩国、老挝、马来西亚、蒙古、缅甸、尼泊尔、巴基斯坦、菲律宾、俄罗斯、新加坡、斯里兰卡、泰国、越南、非洲、亚洲中部和西南部、欧洲、南太平洋岛屿,引进到北美洲。

凭证标本: 福建漳州漳浦县绥安镇大峰山,曾宪锋 ZXF23805(CZH);江西九江赛城湖,谭策铭 04785(JJF);浙江遂昌,洪利兴、丁炳扬、张朝芳 6342(浙江大学植物标本馆);江苏徐州睢宁岠山,刘启新等 018(NAS)。

笔管草 *Equisetum ramosissimum* subsp. *debile* (Roxb. ex Vaucher) Hauke, Amer. Fern J. 52: 33. 1962.

产地: 福建各地;江西南部;浙江杭州、淳安、金华、天台、黄岩、松阳、庆元、苍南;安徽祁门、休宁、铜陵、和县;江苏南京、宜兴;上海。

分布: 福建、江西、浙江、安徽、江苏、上海、澳门、重庆、甘肃、广东、广西、贵州、海南、河南、湖北、湖南、陕西、四川、台湾、西藏、香港、云南。孟加拉国、印度、印度尼西亚、日本、老挝、马来西亚、缅甸、尼泊尔、巴布亚新几内亚、菲律宾、新加坡、泰国、越南、斐济、新喀里多尼亚、瓦努阿图。

凭证标本：福建将乐县陇西山余家坪，陇西山考察队 1377（PE）；江西崇义县上堡乡竹溪村，王兰英 W.014（HUST）；安徽祁门安凌镇琅田村，金摄郎 JSL5489（CSH）；安徽休宁齐云山镇齐云山风景区，金摄郎 JSL5402（CSH）。

瓶尔小草科 Ophioglossaceae

阴地蕨属 *Botrychium* Swartz

薄叶阴地蕨 *Botrychium daucifolium* Wallich ex Hooker & Greville, Icon. Filic. 2: t. 161. 1830.

产地：江西九江、安远、井冈山；浙江临安、淳安、开化、云和。

分布：江西、浙江、重庆、广东、广西、贵州、海南、湖南、四川、台湾、云南。不丹、印度东北部和南部、印度尼西亚（苏门答腊）、缅甸、尼泊尔、菲律宾、斯里兰卡、越南。

凭证标本：江西井冈山，徐声修 8210166（JXU）；江西安远县甲岗林场野猪坑，程景福 40248（PE）。

华东阴地蕨 *Botrychium japonicum* (Prantl) Underwood, Bull. Torrey Bot. Club. 25: 538. 1898.

产地：福建福州；江西庐山、遂昌、井冈山、寻乌；浙江宁海、常山、武义、遂昌、龙泉、安吉；安徽岳西、霍山、舒城；江苏连云港、苏南地区。

分布：福建、江西、浙江、安徽、江苏、广东、贵州、湖南、台湾。日本、韩国。

凭证标本：江西庐山，董安森 1989（JJF）；安徽舒城晓天镇万佛山，金摄郎 JSL4588（CSH）。

劲直阴地蕨 *Botrychium strictum* Underwood, Bull. Torrey Bot. Club. 30: 52. 1903.

产地：江西井冈山；安徽金寨。

分布：江西、安徽（韦宏金等，2018）、重庆、甘肃、黑龙江、河南、湖北、吉林、辽宁、内蒙古、陕西、四川。日本、韩国。

凭证标本：江西井冈山市，岳俊三 5010（NAS）；安徽金寨县天马自然保护区，韦宏金 JSL3392（CSH）。

阴地蕨 *Botrychium ternatum* (Thunberg) Swartz, J. Bot. (Schrader). 1800(2): 111. 1801.

产地：福建福州、沙县、仙游；江西庐山、宜春、靖安、新建、萍乡、黎川；浙江杭州、温州、淳安、象山、开化、磐安、武义、文成；安徽皖南山区、大别山区；江苏句容、溧阳、宜兴；山东安丘、五莲。

分布：福建、江西、浙江、安徽、江苏、山东、重庆、广东、广西、贵州、河南、湖北、湖南、辽宁、陕西、四川、台湾。印度、日本、韩国、尼泊尔和越南。

凭证标本: 福建仙游县凤山乡凤山村,仙游县中药材资源普查队(福建省亚热带植物研究所植物分类室标本室 018065);浙江省,王正伟、钟鑫 WZW08601;安徽绩溪清凉峰,金摄郎、魏宏宇、张娇 JSL6118(CSH)。

蕨萁 *Botrychium virginianum* (Linnaeus) Swartz, J. Bot. (Schrader). 1800(2): 111. 1801.

产地: 浙江临安;安徽黄山、歙县、金寨。

分布: 浙江、安徽、重庆、甘肃、贵州、河南、湖北、湖南、陕西、山西、四川、西藏、云南。北半球温带地区、中南美洲。

凭证标本: 浙江临安天目山,袁昌齐、岳俊三 1308(NAS);安徽歙县,安徽队 1127(NAS)。

瓶尔小草属 *Ophioglossum* Linnaeus

柄叶瓶尔小草(钝头瓶尔小草) *Ophioglossum petiolatum* Hooker, Exot. Fl. 1: t. 56. 1823.

产地: 福建。

分布: 福建、贵州、海南、湖北、四川、台湾、云南。印度西部、印度尼西亚、日本、尼泊尔、菲律宾、斯里兰卡、泰国、澳大利亚、新西兰、北美洲。

凭证标本: 福建,周楠生 340(PE)。

心叶瓶尔小草 *Ophioglossum reticulatum* Linnaeus, Sp. Pl. 2: 1063. 1753.

产地: 江西武宁、庐山。

分布: 福建、江西、重庆、甘肃、广西、贵州、河南、湖北、湖南、四川、陕西、台湾、西藏、云南。韩国、非洲、马达加斯加、南美洲。

凭证标本: 江西武宁县新宁镇东园村,张吉华 TanCM2902-1(JJF)。

狭叶瓶尔小草 *Ophioglossum thermale* Komarov, Repert. Spec. Nov. Regni Veg. 13: 85. 1914.

产地: 福建长汀;江西庐山、婺源、永丰;浙江遂昌;江苏宜兴、溧阳、射阳;山东平邑;上海奉贤。

分布: 福建(温桂梅等,2020)、江西、浙江、安徽、江苏、山东、上海、重庆、广西、贵州、河北、黑龙江、河南、湖北、湖南、吉林、辽宁、内蒙古、陕西、四川、台湾东部和东南部、云南。日本、韩国、俄罗斯(堪察加半岛)。

凭证标本: 福建长汀县馆前镇英雄水库库坝上,张凤生等 CBH03576(FNU);江苏射阳新洋农场，邬文祥 7148（NAS）。

瓶尔小草 *Ophioglossum vulgatum* Linnaeus, Sp. Pl. 2: 1062. 1753.

产地：福建南靖、厦门、长乐、永泰、武平；江西井冈山、德兴、广昌；浙江仙居、缙云、永嘉、乐清、文成、泰顺、天台；安徽黄山、岳西、金寨；江苏南京、南通。

分布：福建、江西、浙江、安徽、江苏、澳门、重庆、广东、广西、贵州、海南、河南、湖北、湖南、陕西、四川、台湾、西藏、香港、云南。印度、日本、韩国、斯里兰卡、澳大利亚、欧洲、北美洲。

凭证标本：福建龙岩武平县下坝乡，曾宪锋 ZXF13565（CZH）；江西井冈山五马朝天，李中阳、卫然 JGS046（PE）；浙江台州市天台县，葛斌杰、王正伟、李宇翔 GBJ01942（CSH）；江苏南京钟山，灵谷寺 – 水榭路边，邓懋彬、魏宏国 82084（NAS）。

松叶蕨科 Psilotaceae

松叶蕨属 *Psilotum* Swartz

松叶蕨 *Psilotum nudum* (Linnaeus) P. Beauvois, Prodr. Aethéogam. 112. 1805.

产地： 福建南靖、厦门、长乐、永泰、屏南；江西德兴、广昌；浙江仙居、缙云、永嘉、乐清、文成、泰顺；安徽黄山、岳西；江苏南通。

分布： 福建、江西、浙江、安徽、江苏、澳门、重庆、广东、广西、贵州、海南、湖北、湖南、陕西、四川、台湾、西藏、香港、云南。广布于旧世界和新世界的热带、亚热带地区，向北延伸至韩国和日本。

凭证标本： 福建屏南，苏享修 CFH09011057（CSH）；江西铜鼓县三都镇小山村，喻勋林 14050301（CSFI）；浙江泰顺半岭，anonymous 25443（HHBG）；安徽岳西店前镇司空山，高晓明、孙煜辉 340828140310A（PE）。

合囊蕨科 Marattiaceae

莲座蕨属 *Angiopteris* Hoffmann

福建莲座蕨 *Angiopteris fokiensis* Hieronymus, Hedwigia. 61(3): 175. 1919.

异名： 江西莲座蕨 *Angiopteris jiangxiensis* Ching & J. F. Cheng, Journ. Jiangxi Univ. 5(1): 2. 1981; Fl. Jiangxi 1:53, f. 39. 1993; 定心散观音座莲 *A. officinalis* Ching, Fl. Reipubl. Popularis Sin. 2: 38. 1959; Fl. Zhejiang 1:26. 1993.

产地： 福建各地；江西井冈山、于都、崇义、安远、寻乌；浙江松阳、苍南、永嘉、泰顺、平阳。

分布： 福建、江西、浙江、重庆、广东、广西、贵州、海南、湖北、湖南、四川、香港、云南。日本南部。

凭证标本： 福建福清，林来官 2075(FJSI)；福建南平延平区茫荡山三千八百坎，严岳鸿、金摄郎、舒江平 JSL5158(CSH)；江西安远县，程景福 40282(PE)；浙江平阳，钟观光 1882(PE)。

紫萁科 Osmundaceae

紫萁属 *Osmunda* Linnaeus

粗齿紫萁 *Osmunda banksiifolia* (C. Presl) Kuhn, Ann. Mus. Bot. Lugduno-Batavi. 4: 299. 1869.

产地: 福建各地；江西瑞金、会昌、安远、寻乌、定南；浙江庆元、乐清、文成、泰顺、苍南。

分布: 福建、江西、浙江、广东、台湾、香港。印度尼西亚（爪哇）、日本、巴布亚新几内亚、菲律宾。

凭证标本: 福建屏南县鸳鸯溪，顾钰峰、金冬梅、魏宏宇 SG2345（CSH）；江西寻乌，胡启明 1805（IBK）；浙江乐清雁荡山，张朝芳、王若谷 7509（PE）。

绒紫萁 *Osmunda claytoniana* Linnaeus, Sp. Pl. 2: 1066. 1753.

产地: 安徽岳西。

分布: 安徽（韦宏金等，2017）、重庆、贵州、湖北、湖南、辽宁、四川、台湾、西藏、云南。不丹、印度北部、日本、韩国、尼泊尔、俄罗斯、北美洲。

凭证标本: 安徽岳西县青天乡牛草山，金摄郎 JSL3021（CSH）。

紫萁 *Osmunda japonica* Thunberg, Nova Acta Regiae Soc. Sci. Upsal. 3: 209. 1780.

产地: 华东山区广布。

分布: 福建、江西、浙江、安徽、江苏、山东、上海、重庆、甘肃、广东、广西、贵州、河南、湖北、湖南、陕西、四川、台湾、西藏、香港、云南。不丹、印度北部、日本、克什米尔地区、韩国、缅甸、巴基斯坦、俄罗斯、泰国、越南。

凭证标本: 福建古田县官州村，兰艳黎 07279（HUST）；江西武夷山岑源大源坑，顾钰峰、袁泉 YYH15271（CSH）；浙江开化苏庄镇古田山，金摄郎、魏宏宇、张娇 JSL5750（CSH）；安徽黄山风景区，金摄郎 JSL5260（CSH）；江苏句容宝华山，金冬梅、魏宏宇、陈彬 CFH09000368（CSH）。

粤紫萁 *Osmunda mildei* C. Christensen, Index Filic. 474. 1906.

产地: 江西崇义。

分布: 江西（严岳鸿等，2011）、广东、湖南、香港。中国特有。

凭证标本: 江西崇义县齐云山，严岳鸿、何祖霞 3723（HUST）。

华南紫萁 *Osmunda vachellii* Hooker, Icon. Pl. 1: t. 15. 1836.

产地：福建南靖、建阳、武夷山、屏南；江西靖安、吉安、泰和、井冈山、崇义、寻乌、龙南；浙江龙泉、庆元。

分布：福建、江西、浙江、澳门、重庆、广东、广西、贵州、海南、湖南、四川、香港、云南。印度、缅甸、泰国、越南。

凭证标本：福建武夷山自然保护区桃源峪，周喜乐、金冬梅、王莹 ZXL05543（CSH）；江西龙南县九连山，张宪春、陈拥军等 1894(PE)；浙江龙泉市锦旗镇，章绍尧 6823(PE)。

桂皮紫萁属 *Osmundastrum* C. Presl

桂皮紫萁 *Osmundastrum cinnamomeum* (Linnaeus) C. Presl, Gefässbündel Farrn. 18. 1847.

异名：*Osmundastrum cinnamomeum* var. *fokiense* Copeland, Phil. J. Sci. Bot. 17. 697. 1941; *Osmunda cinnamomea* Linnaeus, Sp. Pl. 2: 1066. 1753.

产地：福建武夷山、建阳；江西庐山、修水、新建、铅山、井冈山；浙江安吉、杭州、淳安、余姚、金华、松阳、龙泉、庆元、温州、苍南、开化；安徽青阳、绩溪。

分布：福建、江西、浙江、安徽、重庆、广东、广西、贵州、黑龙江、湖南、吉林、辽宁、四川、台湾、云南。印度北部、日本、韩国、俄罗斯、越南、北美洲。

凭证标本：福建武夷山市柏杉乡，裴佩熹 1784(PE)；江西崇义县齐云山，严岳鸿、何祖霞 3664(HUST)；浙江开化齐溪镇钱江源风景区，金摄郎、魏宏宇、张娇 JSL5863(CSH)；安徽绩溪清凉峰自然保护区，金摄郎、魏宏宇、张娇 JSL6122(CSH)。

膜蕨科 Hymenophyllaceae

假脉蕨属 *Crepidomanes* C. Presl

长柄假脉蕨 **Crepidomanes latealatum** (Bosch) Copeland, Philipp. J. Sci. 67: 60. 1938.

异名：*Crepidomanes racemulosum*（Bosch）Ching, Fl. Reipubl. Popularis Sin. 2: 170. 1959; *C. insigne*（Bosch）Fu, Illus. Treat. Princ. Chin. Pl., Pterid. 39. 1957.

产地：福建南靖、厦门；江西庐山、井冈山、九连山；浙江诸暨、遂昌、庆元、乐清、鄞州、宁海、文成；安徽金寨。

分布：福建、江西、浙江、安徽、重庆、甘肃、广东、广西、贵州、海南、湖南、四川、台湾、西藏、香港、云南。不丹、印度北部、日本、马来群岛、尼泊尔、斯里兰卡、越南、澳大利亚。

凭证标本：江西龙南九连山，张宪春、陈拥军等 1856（PE）；浙江庆元百山祖，裘佩熹 3930（PE）；安徽金寨白马寨林场吊桥沟，邓懋彬 81737（NAS）。

团扇蕨 **Crepidomanes minutum** (Blume) K. Iwatsuki, J. Fac. Sci. Univ. Tokyo, Sect. 3, Bot. 13: 524. 1985.

异名：广东团扇蕨 *Gonocormus matthewii*（Christ）Ching, Fl. Reipubl. Popularis Sin. 2: 177. 1959; *G. minutus*（Blume）Bosch, Hymenophyll. Javan. 7-8, pl. 3. 1861.

产地：福建福州、南平、德化、连城、屏南；江西庐山、铅山、井冈山、龙南；浙江杭州、鄞州、宁海、江山、仙居、遂昌、龙泉、乐清、平阳、苍南；安徽皖南地区、大别山区；江苏连云港、句容、宜兴；上海崇明、金山。

分布：福建、江西、浙江、安徽、江苏、上海、澳门、重庆、甘肃、广东、广西、贵州、海南、黑龙江、湖北、湖南、吉林、辽宁、四川、台湾、香港、云南。不丹、柬埔寨、印度东北部、印度尼西亚、日本、韩国、马来西亚、尼泊尔、菲律宾、俄罗斯（西伯利亚）、斯里兰卡、泰国、越南、非洲、澳大利亚、美拉尼西亚、密克罗尼西亚、波利尼西亚。

凭证标本：福建南平市延平区茫荡山三千八百坎，严岳鸿、金摄郎、舒江平 JSL5201（CSH）；江西崇义具齐云山三江口，严岳鸿、何祖霞 3563（PE）；浙江宁波，邢公侠等 92（PE）；安徽石台县七里镇缘溪村黄崖大峡谷，金摄郎 JSL5714（CSH）。

西藏瓶蕨 *Crepidomanes schmidianum* (Zenker ex Taschner) K. Iwatsuki, J. Fac. Sci. Univ. Tokyo, Sect. 3, Bot. 13: 526. 1985.

产地：江西铅山。

分布：江西（魏作影等，2020）、广西、贵州、台湾、西藏、云南。不丹、尼泊尔、印度北部、日本。

凭证标本：江西武夷山保护区叶家厂猪母坑，严岳鸿、魏作影、袁泉 YYH15418（CSH）。

膜蕨属 *Hymenophyllum* J. Smith

蕗蕨 *Hymenophyllum badium* Hooker & Greville, Icon. Filic. 1: t. 76. 1828.

异名：*Mecodium badium*（Hooker & Greville）Copeland, Philipp. J. Sci. 67（1）: 23. 1938；波纹蕗蕨 *M. crispatum*（Hooker & Greville）Copeland, Philipp. J. Sci. 67（1）: 23. 1938.

产地：福建南靖、龙岩、德化、福州、武夷山、南平、屏南；江西铅山、武功山、井冈山、龙南、寻乌；浙江开化、遂昌、庆元、乐清、文成、泰顺、苍南、杭州、龙泉。

分布：福建、江西、浙江、重庆、广东、广西、贵州、海南、湖北、湖南、四川、台湾、西藏、香港、云南。不丹、印度、日本、马来群岛、尼泊尔、斯里兰卡、越南。

凭证标本：福建武夷山自然保护区生态定位站，周喜乐、金冬梅、王莹 ZXL05573（CSH）；江西崇义县齐云山三江口，严岳鸿、何祖霞 3557（PE）；浙江遂昌九龙山自然保护区罗汉源点，金摄郎、钟鑫、沈彬 JSL3471（CSH）。

华东膜蕨（黄山膜蕨） *Hymenophyllum barbatum* (Bosch) Baker in Hooker & Baker, Syn. Fil. 68. 1867.

产地：福建福州、龙岩、德化、武夷山、屏南；江西铅山、庐山、武功山、井冈山、遂川；浙江杭州、安吉、淳安、东阳、遂昌、龙泉、庆元、乐清、永嘉、泰顺、开化、江山；安徽黄山、池州、休宁、歙县、祁门、石台、金寨、岳西、舒城。

分布：福建、江西、浙江、安徽、重庆、广东、广西、贵州、海南、河南、湖北、湖南、陕西、四川、台湾。印度、日本、韩国、缅甸、泰国、越南。

凭证标本：福建武夷山龙川大峡谷，周喜乐、刘子玥、张庆费、钟鑫 ZXL06794（CSH）；江西庐山乌龙潭，董安森 1974（JJF）；浙江雁荡山北斗洞，张朝芳、王若谷 7507（PE）；安徽黄山风景区，金摄郎 JSL5295（CSH）。

毛蕗蕨 *Hymenophyllum exsertum* Wallich ex Hooker, Sp. Fil. 1: 109. 1844.

异名：华南膜蕨 *Hymenophyllum austrosinicum* Ching, Hong Kong Naturalist 7（1）:

87-88. 1936.

产地：福建福州、德化；江西井冈山；浙江遂昌、龙泉、庆元、景宁。

分布：福建、江西、浙江、广东、海南、四川、台湾、西藏、云南。不丹、柬埔寨、印度北部、老挝、马来西亚、泰国、越南。

凭证标本：福建将乐陇西山里山，陇西山考察队 0991(PE)；江西井冈山，李中阳、卫然 JGS007(CVH)；浙江景宁县景南乡东塘村蚊虫岭，王宗琪、梅旭东 17112817(浙江省景宁县林业局标本馆)。

长柄蕗蕨 *Hymenophyllum polyanthos* (Swartz) Swartz, J. Bot. (Schrader). 1800(2): 102. 1801.

异名：*Hymenophyllum microsorum* Bosch, Ned. Kr. Arch. 5: 155. 1863; *H. osmundoides* Bosch, Ned. Kr. Arch. 5: 164. 1863; *Mecodium microsorum* (Bosch) Ching, Fl. Reipubl. Popularis Sin. 2: 143-144. 1959; 罗浮蕗蕨 *M. lofoushanense* Ching & P. S. Chiu, Fl. Reipubl. Popularis Sin. 2: 148. 1959; 庐山蕗蕨 *M. lushanense* Ching & P. S. Chiu, Fl. Reipubl. Popularis Sin. 2: 144. 1959; *M. polyanthos* (Sw.) Cop., Philipp. J. Sci. 67(1): 19. 1938.

产地：福建福州、德化、武夷山、建阳；江西铅山、石城、寻乌、庐山、井冈山；浙江杭州、遂昌、龙泉、庆元、泰顺、江山、武义；安徽黄山、祁门、石台、岳西、休宁、歙县、池州。

分布：福建、江西、浙江、安徽、甘肃、广东、广西、贵州、湖南、四川、台湾、香港。世界热带和亚热带地区。

凭证标本：福建建阳，裴佩熹 2341(PE)；江西崇义齐云山石碑头，严岳鸿、何祖霞 3591(HUST)；浙江临安清凉峰自然保护区顺溪坞点，金摄郎、魏宏宇、张娇 JSL5960(CSH)；安徽岳西主簿镇枯井园自然保护区，金摄郎 JSL2981(CSH)。

瓶蕨属 *Vandenboschia* Copeland

管苞瓶蕨 *Vandenboschia kalamocarpa* (Hayata) Ebihara, Acta Phytotax. Geobot. 60: 32. 2009.

产地：福建屏南；江西崇义；浙江开化。

分布：福建(新记录)、江西、浙江(新记录)、台湾。日本。

凭证标本：福建屏南鸳鸯溪风景区，顾钰峰、金冬梅、魏宏宇 SG2353(CSH)；江西崇义齐云山，严岳鸿、何祖霞 3656(HUST)；浙江开化齐溪镇里秧田村，金摄郎、魏宏宇、张娇 JSL5899(CSH)。

瓶蕨 *Vandenboschia auriculata* (Blume) Copeland, Philipp. J. Sci. 67: 55. 1938.

异名: *Trichomanes auriculatum* Blume, Enum. Pl. Javae 2: 225. 1828.

产地: 福建南平、泰宁；江西铅山、全南、井冈山、九江、遂川、靖安、安福、上犹、崇义；浙江杭州、泰顺、温州、乐清。

分布: 福建、江西、浙江、重庆、广东、广西、贵州、海南、湖南、四川、台湾、西藏、香港、云南。不丹、柬埔寨、印度东北部、日本、老挝、马来群岛、缅甸、尼泊尔、泰国、太平洋岛屿。

凭证标本: 福建南平，何国生 1235（FJSI）；江西崇义齐云山三江口，严岳鸿、何祖霞 3559（HUST）；浙江雁荡山，裘佩熹等 6337（CSH）。

南海瓶蕨 *Vandenboschia striata* (D. Don) Ebihara, Fl. China 2-3: 109. 2013.

异名: *Trichomanes striatum* D. Don, Prodr. Fl. Nepal. 11.1825; *T. naseanum* Christ, Bull. Soc. Bot. France 52（Mém. 1）: 11.1905.

产地: 福建南靖、长汀；江西宜春、宜丰、萍乡、井冈山；浙江泰顺、苍南。

分布: 福建、江西、浙江、广东、广西、贵州、海南、河南、湖南、四川、台湾、云南。不丹、印度东北部、日本、老挝、缅甸、尼泊尔、越南。

凭证标本: 福建南靖，厦大采集队 1156（AU）；江西宜春奉新火田，张代贵 YH120731460（JIU）。

双扇蕨科 Dipteridaceae

燕尾蕨属 *Cheiropleuria* C. Presl

全缘燕尾蕨 *Cheiropleuria integrifolia* (D. C. Eaton ex Hooker) M. Kato, Y. Yatabe, Sahashi & N. Murak., Blumea 46(3): 522. 2001.

异名: 燕尾蕨 *Cheiropleuria bicuspis* auct. non (Blume) C. Presl, Fl. Zhejiang, 1: 296.1993.

产地: 浙江平阳。

分布: 浙江、贵州、海南、台湾。印度尼西亚、日本、马来西亚、巴布亚新几内亚、泰国、越南。

凭证标本: 浙江平阳莒溪大石，左大勋 24830（NAS）。

里白科 Gleicheniaceae

芒萁属 *Dicranopteris* Bernhardi

芒萁 *Dicranopteris pedata* (Houttuyn) Nakaike, Enum. Pterid. Jap., Filic. 114. 1975.

产地：福建各地；江西各地；浙江酸性土的丘陵山地；安徽皖南地区、大别山区；江苏句容、宜兴、溧阳；山东青岛；上海松江。

分布：福建、江西、浙江、江苏、安徽、山东、上海、澳门、重庆、甘肃（文县）、广东、广西、贵州、海南、河南、湖北、湖南、山西、四川、台湾、香港、云南。印度、印度尼西亚、日本、马来西亚、尼泊尔、新加坡、斯里兰卡、泰国、越南、澳大利亚。

凭证标本：福建武夷山自然保护区虎啸岩，洪延泓 1496（AU）；江西武夷山岑源大源坑，顾钰峰、袁泉 YYH15272（CSH）；浙江舟山普陀区桃花镇磨盘村，田旗、王正伟 TQ00758（CSH）；安徽休宁县五城镇，安徽队 2673（NAS）。

里白属 *Diplopterygium* (Diels) Nakai

中华里白 *Diplopterygium chinense* (Rosenstock) De Vol, Fl. Taiwan. 1: 92. 1975.

产地：福建南靖、福州、南平、永安、德化、龙岩、连城；江西井冈山、崇义、安远、寻乌、全南、龙南；浙江庆元、瑞安、泰顺、平阳、苍南。

分布：福建、江西、浙江、澳门、重庆、广东、广西、贵州、海南、湖南、四川、台湾、西藏（察隅）、香港、云南。越南北部。

凭证标本：福建南靖和溪六斗山，叶国栋 1574（IBK）；福建南平市延平区茫荡山三千八百坎，严岳鸿、金摄郎、舒江平 JSL5157（CSH）；江西寻乌上坪分场，程景福 40200（PE）；浙江泰顺洋溪公社林场，张朝芳 9198（PE）。

里白 *Diplopterygium glaucum* (Thunberg ex Houttuyn) Nakai, Bull. Natl. Sci. Mus., Tokyo. 29: 51.

产地：福建各地；江西丘陵山地；浙江杭州、桐庐、诸暨、鄞州、镇海、象山、普陀、金华、磐安、天台、遂昌、龙泉、乐清、温州、文成、泰顺、平阳；安徽黄山、祁门、休宁、石台、潜山；江苏宜兴；上海松江。

分布：福建、江西、浙江、安徽、江苏、上海、重庆、广东、广西、贵州、湖北、湖南、四川、台湾、香港、云南。日本、韩国、菲律宾、印度。

凭证标本: 福建将乐陇西山里山火烧山，陇西山考察队 1323 (PE)；江西庐山锦绣谷，谭策铭、易桂花、干定枝等 081256 (JJF)；安徽休宁齐云山镇齐云山风景区，金摄郎 JSL5397 (CSH)。

光里白 *Diplopterygium laevissimum* (Christ) Nakai, Bull. Natl. Sci. Mus., Tokyo. 29: 52. 1950.

产地: 福建卜杭、南平、屏南；江西庐山、铅山、萍乡、安福、井冈山、遂川、会昌、定南、寻乌；浙江杭州、鄞州、开化、天台、遂昌、龙泉、泰顺、武义；安徽黄山、祁门、石台。

分布: 福建、江西、浙江、安徽、重庆、广东、广西、贵州、海南、湖北、湖南、四川、台湾、西藏、云南。日本、菲律宾、越南。

凭证标本: 福建宁德屏南县前溪大河，苏享修 CSH15059 (CSH)；江西崇义齐云山三江口，严岳鸿，何祖霞 3514 (HUST)；浙江临安大明山风景区，金冬梅、罗俊杰、魏宏宇 Fern09926 (CSH)；安徽石台仙寓镇仙寓山风景区，金摄郎、商辉、莫日根高娃、罗俊杰 JSL5613 (CSH)。

海金沙科 Lygodiaceae

海金沙属 *Lygodium* Swartz

曲轴海金沙 *Lygodium flexuosum* (Linnaeus) Swartz, J. Bot. (Schrader). 1800(2): 106. 1801.

产地： 福建漳州、龙海。

分布： 福建、澳门、广东、广西、贵州、海南、湖南、香港、云南。不丹、印度、日本南部、马来西亚、尼泊尔、菲律宾、斯里兰卡、泰国、越南、澳大利亚。

凭证标本： 福建南靖县，厦大采集队 868（AU）。

海金沙 *Lygodium japonicum* (Thunberg) Swartz, J. Bot. (Schrader). 1800(2): 106. 1801.

产地： 福建、江西、浙江、安徽、江苏、上海等地广布。

分布： 福建、江西、浙江、安徽、江苏、上海、澳门、重庆、甘肃、广东、广西、贵州、海南、河南、湖北、湖南、四川、陕西、台湾、西藏、香港、云南。不丹、印度、印度尼西亚（爪哇）、日本、克什米尔地区、韩国、尼泊尔、菲律宾、斯里兰卡、澳大利亚热带地区、北美洲。

凭证标本： 福建古田县城区，兰艳黎 07299（HUST）；江西寻乌县留车镇石硁寨，曾宪锋 ZXF22236（CZH）；浙江开化苏庄镇古田村，金摄郎、魏宏宇、张娇 JSL5799（CSH）；江苏句容宝华山，金冬梅、魏宏宇、陈彬 CFH09000379（CSH）；安徽休宁齐云山，金摄郎 JSL5360（CSH）。

小叶海金沙 *Lygodium microphyllum* (Cavanilles) R. Brown, Prodr. 162. 1810.

产地： 福建南靖、龙岩、福州、永泰、屏南；江西崇义、大余、安远、寻乌。

分布： 福建、江西、广东、广西、海南、台湾、香港、云南。印度、印度尼西亚、马来西亚、缅甸、尼泊尔、菲律宾、澳大利亚、非洲、北美洲、南太平洋岛屿。

凭证标本： 福建宁德屏南县，苏享修 CSH14823（CSH）；江西信丰县，廖文波、刘忠成、刘玉虎 LXP-13-15701（SYS）。

槐叶蘋科 Salviniaceae

满江红属 *Azolla* Lamarck

细叶满江红 *Azolla filiculoides* Lamarck, Encycl. 1: 343. 1783.

产地: 浙江; 江苏。

分布: 长江流域广布, 华南, 台湾。亚洲东北部、欧洲、美洲、太平洋岛屿。有观点认为该种原产于北美洲, 国内分布为引种扩散。

凭证标本: 浙江龙泉农场引种栽培, 杭植标 1777 (HHBG); 江苏南京中山植物园, 熊豫宁、马振秀 4898 (NAS)。

满江红 *Azolla pinnata* subsp. *asiatica* R. M. K. Saunders & K. Fowler, Bot. J. Linn. Soc. 109: 349. 1992.

异名: *Azolla imbricata* (Roxburgh) Nakai, Bot. Mag. (Tokyo) 39: 185. 1925; *A. imbricata* var. *prolifera* Y. X. Lin, Acta Phytotax. Sin. 18 (4): 454. 1980.

产地: 福建、江西、浙江、江苏、上海广布; 安徽淮河以南; 山东德州、济南、郯城、曲阜。

分布: 福建、江西、浙江、安徽、江苏、山东、上海、广东、广西、贵州、河北、河南、湖北、湖南、辽宁、山西、四川、台湾、云南。孟加拉国、印度、印度尼西亚、日本、韩国、马来西亚、缅甸、巴基斯坦、菲律宾、斯里兰卡、泰国中部、越南。

凭证标本: 福建宁德市屏南县, 苏享修 CSH14851; 江西寻乌县项山乡刘坑, 程景福 40067 (JXU); 江苏无锡市鼋头渚公园, 邬文祥 9650 (NAS); 山东曲阜, 侯元同、侯元免、高会芳、吕晓晨、陈佳欣 20170507104-3 (QFNU)。

槐叶蘋属 *Salvinia* Séguier

槐叶苹 *Salvinia natans* (Linnaeus) Allioni, Fl. Pedem. 2: 289. 1785.

产地: 福建、江西、浙江、安徽、江苏各省广布; 上海崇明、青浦、徐汇; 山东微山、济宁、东平、临沂、枣庄、济南。

分布: 全国大部分地区有分布, 主要在长江流域。印度、泰国、越南、非洲、亚洲、欧洲。

凭证标本: 福建厦门坂头水库地溪桥, 陈耀东、倪瑞生 224 (PE); 江西崇义县上堡乡竹溪村金竹窝, 王兰英 W.104 (HUST); 浙江龙泉市凤阳山, 裘佩熹 4105 (PE); 安徽芜湖市赭山公园, JW Shao 邵剑文 2014405s (PE)。

蘋科 Marsileaceae

蘋属 *Marsilea* Linnaeus

蘋 *Marsilea quadrifolia* Linnaeus, Sp. Pl. 2: 1099. 1753.

产地：福建、江西、浙江、安徽、江苏各省广布；上海宝山、崇明、浦东、青浦；山东。

分布：福建、江西、浙江、安徽、江苏、上海、山东、澳门、北京、重庆、广东、广西、甘肃、贵州、海南、河北、河南、黑龙江、湖北、湖南、吉林、辽宁、内蒙古、宁夏、青海、山西、陕西、四川、天津、香港、新疆、云南。日本、韩国、欧洲，引进到北美洲东北部。

凭证标本：福建福州市马尾区琅岐镇，葛斌杰、陈彬、沈彬、顾钰峰 GBJ03405（CSH）；江西九江市庐山张家山，董安森 1428（JJF）；浙江温岭，陈声根 253（复旦大学）；安徽繁昌，强盛 850009（南京农业大学）。

南国田字草 *Marsilea minuta* Linnaeus, Mant. Pl. Altera. 308. 1771.

产地：江西万载；安徽歙县；江苏各地。

分布：福建、江西、浙江、安徽、江苏、广东、贵州、海南、湖北、湖南、陕西、四川、台湾、云南。古热带，零散逃逸至美洲和加勒比海地区（巴西、特立尼达和多巴哥）。

凭证标本：江西万载县，叶华谷、曾飞燕 LXP10-1857（IBSC）；安徽歙县，Toshiyuki Nakaike 956（KUN）。

瘤足蕨科 Plagiogyriaceae

瘤足蕨属 *Plagiogyria* (Kunze) Mettenius

瘤足蕨 **Plagiogyria adnata** (Blume) Beddome, Ferns Brit. India. 1: t. 51. 1865.

异名： *Plagiogyria distinctissima* Ching, Bull. Fan Mem. Inst. Biol., Bot. 1(9): 145. 1930.

产地： 福建上杭、德化、邵武、连城、南平、屏南；江西丘陵山地；浙江杭州、宁海、庆元、泰顺、鄞州、开化、遂昌、武义；安徽黟县。

分布： 福建、江西、浙江、安徽、重庆、广东、广西、贵州、海南、湖北、湖南、四川、台湾、香港、云南。印度东部和北部、印度尼西亚（爪哇、苏门答腊）、日本、马来西亚、缅甸、菲律宾（吕宋岛）、泰国、越南。

凭证标本： 福建龙岩市长汀县中璜区，田旗、葛斌杰、王正伟 TQ01929(CSH)；江西龙南县九连山虾公塘，张宪春、陈拥军等 1900(PE)；浙江丽水市遂昌县，周喜乐、舒江平、葛斌杰、宋以刚 ZXL06624(CSH)。

华中瘤足蕨 **Plagiogyria euphlebia** (Kunze) Mettenius, Abh. Senckenberg. Naturf. Ges. 2: 274. 1858.

异名： *Plagiogyria chinensis* Ching, Acta Phytotax. Sin. 7(2): 140, t. 30, f. 2. 1958; *P. grandis* Copeland, Philipp. J. Sci. 38(4): 389, pl. 1. 1929;

产地： 福建德化、南平、邵武、屏南；江西铅山、萍乡、黎川、会昌、寻乌、大余；浙江遂昌、龙泉、庆元、文成；安徽祁门、休宁、石台。

分布： 福建、江西、浙江、安徽、重庆、甘肃、广东、广西、贵州、湖北、湖南、四川、台湾、台湾、云南。不丹、印度、日本、韩国、缅甸、尼泊尔、菲律宾、越南。

凭证标本： 福建武夷山自然保护区挂墩，周喜乐、金冬梅、王莹 ZXL05507(CSH)；江西龙南县九连山黄牛石，张宪春、陈拥军等 1850(PE)；浙江遂昌九龙山罗汉源点，韦宏金、钟鑫、沈彬 JSL3529(CSH)；安徽石台仙寓山，金摄郎、商辉、莫日根高娃、罗俊杰 SG1992(CSH)。

镰羽瘤足蕨 **Plagiogyria falcata** Copeland, Philipp. J. Sci., C. 2: 133. 1907.

异名： *Plagiogyria dunnii* Copeland, Philipp. J. Sci. 3(5). 281. 1908; *P. chekiungensis* P. L. Chiu, Acta Phytotax. Sin. 13: 111. ph. 1. pl. 20. 1975; *P. dentimarginata* J. F. Cheng, Acta Phytotax. Sin. 26: 321. f. 1. 1988.

产地： 福建南靖、德化、南平、屏南；江西铅山、石城、寻乌、德兴、井冈山；浙江临安、淳安、鄞州、开化、江山、遂昌、松阳、龙泉、庆元、缙云、泰顺；安徽省祁门、黟县、石台。

分布：福建、江西、浙江、安徽、广东、广西、贵州、海南、湖南、台湾。菲律宾。

凭证标本：福建武夷山自然保护区挂墩，周喜乐、金冬梅、王莹 ZXL05508(CSH)；江西井冈山，彭光天 946058(井冈山大学)；浙江文成县石坪，X. C. Zhang 3582(PE)；安徽祁门安凌镇大洪岭林场，金摄郎 JSL5546(CSH)。

华东瘤足蕨 *Plagiogyria japonica* Nakai, Bot. Mag. (Tokyo). 42: 206. 1928.

产地：福建上杭、德化、永安、沙县、南平、邵武、屏南；江西各地；浙江杭州、安吉、淳安、鄞州、开化、江山、衢州、武义、天台、遂昌、龙泉、庆元；安徽皖南山区、大别山区。

分布：福建、江西、浙江、安徽、江苏、重庆、广东、广西、贵州、海南、湖北、湖南、四川、台湾、云南。印度北部、日本、韩国。

凭证标本：福建龙岩长汀县归龙山，胡启明 3723(PE)；江西庐山甘露泉，易刚中 326(PE)；浙江泰顺里光，章绍尧(PE)；安徽黄山风景区，金摄郎 JSL5292(CSH)。

金毛狗蕨科 Cibotiaceae

金毛狗蕨属 *Cibotium* Kaulfuss

金毛狗蕨 *Cibotium barometz* (Linnaeus) J. Smith, London J. Bot. 1: 437. 1842.

产地: 福建各地; 江西井冈山、寻乌、安远、全南、大余、崇义、遂川; 浙江泰顺、平阳。

分布: 福建、江西、浙江、澳门、重庆、广东、广西、贵州、海南、河南、湖北、湖南、四川、台湾、西藏、香港、云南。印度东北部、印度尼西亚（爪哇至苏门答腊）、琉球群岛、马来西亚（西半岛）、缅甸、泰国、越南。

凭证标本: 福建南平茫荡山三千八百坎, 严岳鸿、金摄郎、舒江平 JSL5205（CSH）; 江西遂川县, 彭光天 93011（井冈山大学）; 浙江平阳县, anonymous 10276（HZ027403）（HHBG）。

桫椤科 Cyatheaceae

桫椤属 *Alsophila* R. Brown

粗齿桫椤 *Alsophila denticulata* Baker, J. Bot. 23: 102. 1885.

异名：*Gymnosphaera hancockii*（Copeland）Ching ex L. K. Lin, Fl. Fujianica, 1: 179. 1982.

产地：福建南靖、华安、龙岩、德化、永安、厦门、南平、建瓯、三明、将乐；江西井冈山、安远、全南、龙南、寻乌；浙江乐清、泰顺、平阳、苍南。

分布：福建、江西、浙江、重庆、广东、广西、贵州、湖南、四川、台湾、云南。日本。

凭证标本：福建武夷山自然保护区桃源峪，周喜乐、金冬梅、王莹 ZXL05561（CSH）；福建将乐陇西山外山，陇西山考察队 1722-2（PE）；江西龙南县，张宪春、陈拥军等 1899（PE）。

小黑桫椤 *Alsophila metteniana* Hance, J. Bot. 6: 175. 1868.

异名：*Alsophila metteniana* var. *subglabra* Ching & Q.Xia, Acta Phytotax. Sin. 27（1）: 14.1989; *A. lamprocaulis*（Christ）Ching, Sinensia 2: 36. 1931; *Gymnosphaera metteniana*（Hance）Tagawa, Acta Phytotax. Geobot. 14（3）: 94.1951.

产地：福建南靖；江西崇义、井冈山；浙江苍南。

分布：福建、江西、浙江、重庆、广东、广西、贵州、湖南、四川、台湾、云南。日本。

凭证标本：福建南靖县，anonymous 636（PE）；江西井冈山河西垅，杨祥学等六人 730280（JXU）；江西崇义县齐云山自然保护区龙背坳，严岳鸿、周喜乐、王兰英 3858（HUST）。

黑桫椤 *Alsophila podophylla* Hooker, Hooker's J. Bot. Kew Gard. Misc. 9: 334. 1857.

异名：*Gymnosphaera podophylla*（Hooker）Copeland, Gen. Fil.（Cop.）98. 1947.

产地：福建南平、南靖、华安。

分布：福建、广东、广西、贵州、海南、台湾、香港、云南。日本南部、越南、老挝、泰国、柬埔寨。

凭证标本：福建漳州南靖县鹅仙洞，曾宪锋 ZXF25892（CZH）；福建南靖县和溪六斗山，叶国栋 1859（FJSI）；福建南平市延平区溪源大峡谷，严岳鸿、金摄郎、舒江平 JSL5221（CSH）。

桫椤（刺桫椤）*Alsophila spinulosa* (Wallich ex Hooker) R. M. Tryon, Contr. Gray Herb. 200: 32. 1970.

产地：福建南靖、永安、平和、福清、福州；江西崇义、大余。

分布：福建、江西、重庆、广东、广西、贵州、海南、湖南、四川、台湾、西藏、香港、云南。孟加拉国、不丹、印度、日本南部、越南、柬埔寨、缅甸、尼泊尔、斯里兰卡、泰国北部。

凭证标本：福建漳州南靖县和溪乡六斗山，叶国栋 1862（PE）；福建漳州南靖县乐土雨林，曾宪锋 ZXF26030（CZH）。

白桫椤属 *Sphaeropteris* Bernhardi

笔筒树 *Sphaeropteris lepifera* (J. Smith ex Hooker) R. M. Tryon, Contr. Gray Herb. 200: 21. 1970.

产地：福建福州、厦门、宁德；浙江泰顺。

分布：福建、浙江（陈贤兴和潘太仲，2016）、广西、海南、台湾、云南。琉球群岛、巴布亚新几内亚、菲律宾。

凭证标本：福建福州市马尾区，葛斌杰、陈彬、顾钰峰、沈彬 GBJ02954（CSH）；福建厦门市同安区坂柄村，郭艺松、陈恒彬 3594（XMBG）；福建福清市东张镇灵石山风景区，张宪权、杨庆华 FJ-07-055（CSH）；浙江泰顺氡泉，陈贤兴 256（WZU）。

鳞始蕨科 Lindsaeaceae

鳞始蕨属 *Lindsaea* Dryander ex Smith

钱氏鳞始蕨 *Lindsaea chienii* Ching, Sinensia. 1: 4. 1929.

异名: 阔边鳞始蕨 *Lindsaea recedens* Ching, Fl. Reipubl. Popularis Sin. 2: 373. 1959.

产地: 福建南靖、德化、武夷山;江西井冈山;浙江泰顺。

分布: 福建、江西、浙江、广东、广西、贵州、海南、台湾、云南。日本、泰国、越南。

凭证标本: 福建武夷山自然保护区生态定位站,周喜乐、金冬梅、王莹 ZXL05575(CSH);江西安远县,胡启明 2604(PE)。

剑叶鳞始蕨 *Lindsaea ensifolia* Swartz, J. Bot. (Schrader). 1800(2): 77. 1801.

异名: *Schizoloma ensifolium*(Swartz)J. Smith, J. Bot. 3. 414. 1841.

产地: 福建漳州。

分布: 福建、澳门、广东、广西、贵州(望谟)、海南、台湾、香港、云南。孟加拉国、印度、日本、缅甸、尼泊尔、菲律宾、斯里兰卡、泰国、越南、亚洲西南部、非洲、澳大利亚、太平洋岛屿。

凭证标本: 福建漳州平和县灵通山,曾宪锋 ZXF32769(CZH)。

异叶鳞始蕨 *Lindsaea heterophylla* Dryander, Trans. Linn. Soc. London. 3: 41. 1797.

异名: *Schizoloma heterophyllum*(Dryander)J. Smith, J. Bot. 3. 414. 1841.

产地: 福建漳州。

分布: 福建、澳门、广东、广西、海南、台湾、香港、云南。印度、日本、马来西亚、斯里兰卡、泰国、越南、非洲。

凭证标本: 福建漳州云霄县将军山,曾宪锋 ZXF31705(CZH);福建漳州诏安县深桥镇南山,曾宪锋 ZXF34660(CZH)。

爪哇鳞始蕨 *Lindsaea javanensis* Blume, Enum. Pl. Javae. 2: 219. 1828.

异名: 两广鳞始蕨 *Lindsaea liankwangensis* Ching, Fl. Reipubl. Popularis Sin. 2: 372. 1959.

产地: 福建南靖;江西铅山、崇义。

分布: 福建、江西、广东、广西、贵州、海南、湖南、台湾、云南。印度、日本、马来西亚、缅甸、泰国、越南。

凭证标本: 福建南靖县和溪六斗山, 叶国栋 001315(FJSI); 江西崇义县齐云山保护区, 严岳鸿, 何祖霞 3769(HUST)。

亮叶鳞始蕨 *Lindsaea lucida* Blume, Enum. Pl. Javae. 2: 216. 1828.

异名: *Lindsaea changii* C. Christensen, Index Filic., Suppl. 3, 121. 1934.

产地: 江西。

分布: 江西、广东、海南、台湾南部。孟加拉国、不丹、印度、日本、马来西亚、缅甸、泰国、越南、太平洋岛屿。

凭证标本: 江西, 张镜澄 s.n.(条形码: 00042752)(PE)。

团叶鳞始蕨 *Lindsaea orbiculata* (Lamarck) Mettenius ex Kuhn, Ann. Mus. Bot. Lugduno-Batavi. 4: 279. 1869.

异名: *Lindsaea orbiculata* var. *commixta*(Tagawa)K. U. Kramer, Fl. Malesiana, Ser. 2, Pterid. 1(3): 207. 1971.

产地: 福建各地; 江西井冈山、崇义、龙南、安远、寻乌; 浙江鄞州、永嘉、瑞安、平阳、苍南、乐清、温州。

分布: 福建、江西、浙江、澳门、广东、广西、贵州、海南、湖南、四川、台湾、香港、云南。印度、印度尼西亚、日本、马来西亚、缅甸、尼泊尔、菲律宾、新加坡、斯里兰卡、泰国、越南。

凭证标本: 福建宁化县石壁村东华山, 阴长发 026(HUST); 江西龙南县, 236 任务组 1237(PE); 浙江南雁荡山, 张华等 81912(PE)。

乌蕨属 *Odontosoria* Fée

阔片乌蕨 *Odontosoria biflora* (Kaulfuss) C. Christensen, Index Filic. 207. 1905.

异名: *Sphenomeris biflora*(Kaulfuss)Tagawa, J. Jap. Bot. 33: 203. 1958.

产地: 福建东山、厦门、惠安、石狮; 浙江舟山、金华、遂昌、台州。

分布: 福建、浙江、澳门、广东、海南、台湾、香港。日本、菲律宾、太平洋岛屿。

凭证标本: 福建漳州东山县, 何国生 521(PE); 福建泉州石狮市沙堤村, 曾宪锋 ZXF15564(CZH); 浙江台州市椒江区下大陈岛, 葛斌杰、钟鑫、商辉、刘子玥 CSH18599(CSH)。

乌蕨 *Odontosoria chinensis* (Linnaeus) J. Smith, Bot. Voy. Herald. 10: 430. 1857.

产地: 福建各地; 江西各地; 浙江山地丘陵; 安徽黄山、歙县、九华山、祁门、休宁、黟县、绩溪、金寨、潜山、石台；江苏连云港、南京、常熟、宜兴；上海金山。

分布：福建、江西、浙江、安徽、江苏、上海、澳门、重庆、甘肃、广东、广西、贵州、海南、河南、湖北、湖南、四川、台湾、西藏、香港、云南。孟加拉国、不丹、印度、日本、韩国、马来西亚、缅甸、尼泊尔、菲律宾、斯里兰卡、泰国、越南、马达加斯加、太平洋岛屿。

凭证标本：福建莆田仙游县，朱志杰 05（HUST）；江西九江县新塘长山，谭策铭、易桂花、蔡如意 121036（JJF）；浙江宁波天童甲寿坊上，贺贤育 27017（NAS）；安徽休宁齐云山镇齐云山风景区，金摄郎 JSL5373（CSH）。

香鳞始蕨属 *Osmolindsaea* (K. U. Kramer) Lehtonen & Christenhusz

香鳞始蕨 *Osmolindsaea odorata* (Roxburgh) Lehtonen & Christenhusz, Bot. J. Linn. Soc. 163: 335. 2010.

异名：鳞始蕨 *Lindsaea odorata* Roxburgh, Calcutta J. Nat. Hist. 4: 511. 1844.

产地：福建上杭、德化、屏南；江西井冈山；浙江苍南。

分布：福建、江西、浙江、广东、广西、贵州、海南、湖南、四川、台湾、西藏、云南。孟加拉国、不丹、印度、印度尼西亚、日本、马来西亚、缅甸、尼泊尔、巴布亚新几内亚、菲律宾、斯里兰卡、泰国、越南、所罗门群岛。

凭证标本：福建漳州市平和县灵通山，曾宪锋 ZXF26909（CZH）；江西崇义县齐云山保护区，严岳鸿、何祖霞 3689（HUST）。

碗蕨科 Dennstaedtiaceae

碗蕨属 *Dennstaedtia* Bernhardi

细毛碗蕨 *Dennstaedtia hirsuta* (Swartz) Mettenius ex Miquel, Ann. Mus. Bot. Lugduno-Batavi. 3: 181. 1867.

异名：*Dennstaedtia pilosella* Hooker, Fl. Reipubl. Popularis Sin. 2: 202-203, f. 18: 6-8. 1959.

产地：福建武夷山、松溪、政和、屏南、武平；江西庐山、武宁、修水、铅山、萍乡；浙江安吉、杭州、淳安、宁海、舟山、金华、天台、遂昌、龙泉、庆元、缙云、乐清、武义、江山、开化；安徽皖南山区、大别山区；江苏各地；山东胶东半岛、沂山、蒙山、徂徕山等山区；上海金山。

分布：福建、江西、浙江、安徽、江苏、山东、上海、重庆、甘肃、广东、广西、贵州、黑龙江、湖北、湖南、吉林、辽宁、陕西、四川、台湾。日本、韩国、俄罗斯。

凭证标本：福建龙岩武平县，曾宪锋 ZXF13619（CZH）；江西九江沙河镇庐山通远保护站，严岳鸿、周劲松 3212（HUST）；安徽黄山汤口镇云谷寺，金摄郎、舒江平、赵国华、张锐 JSL3261（CSH）；浙江临安西天目山，金摄郎、张锐、刘莉 JSL4260（CSH）；山东临沂云蒙山，商辉、汪浩 SG2167（CSH）。

碗蕨 *Dennstaedtia scabra* (Wallich ex Hooker) T. Moore, Index Fil. 307. 1861.

产地：福建武夷山、屏南、长汀、龙岩；江西庐山、萍乡、铅山、井冈山、黎川、吉安；浙江龙泉、庆元。

分布：福建、江西、浙江、重庆、广东、广西、贵州、湖南、四川、台湾、西藏、云南。不丹、印度、日本、韩国、老挝、马来西亚、菲律宾、斯里兰卡、越南。

凭证标本：福建武夷山龙川大峡谷，周喜乐、刘子玥、张庆费、钟鑫 ZXL06795（CSH）；福建屏南屏城乡南峭村周围，顾钰峰、金冬梅、魏宏宇 SG2235（CSH）；江西庐山，谭策铭、田旗等 071161（JJF）。

光叶碗蕨 *Dennstaedtia scabra* var. *glabrescens* (Ching) C. Christensen, Index Filic., Suppl. 3: 76. 1934.

产地：福建龙岩、南平、武夷山、屏南；江西铅山、井冈山、石城、寻乌；浙江杭州、淳安、开化、江山、遂昌、龙泉、庆元、平阳、武义；安徽歙县、祁门、石台。

分布：福建、江西、浙江、安徽、重庆、广东、广西、贵州、湖南、四川、台湾、西藏、云南。印度、日本、韩国、老挝、马来西亚、菲律宾、斯里兰卡、越南。

凭证标本：福建武夷山自然保护区挂墩，周喜乐、金冬梅、王莹 ZXL05521(CSH)；江西省铅山县武夷山石垅附近，程景福等 60069(WUK)；浙江开化齐溪镇钱江源风景区，金摄郎、魏宏宇、张娇 JSL5878(CSH)；安徽石台大演乡牯牛降风景区，金摄郎 JSL5670(CSH)。

溪洞碗蕨 *Dennstaedtia wilfordii* (T. Moore) Christ in C. Christensen, Index Filic., Suppl. 1: 24. 1913.

产地：福建各地；江西庐山、修水、井冈山；浙江杭州；安徽九华山、霍山、黄山、岳西、金寨；江苏各地；山东中南山区及胶东半岛。

分布：福建、江西、安徽、浙江、江苏、山东、北京、重庆、贵州、河北、黑龙江、河南、湖北、湖南、吉林、辽宁、山西、四川、陕西。中国特有。

凭证标本：江西庐山五老峰五老洞内，王名金 0916(LBG)；浙江临安天目山，T.N.Liou 235(PE)；安徽岳西包家乡鹞落坪保护区，金摄郎 JSL3039(CSH)；山东泰安泰山，商辉、汪浩 SG2151(CSH)。

栗蕨属 *Histiopteris* (J. Agardh) J. Smith

栗蕨 *Histiopteris incisa* (Thunberg) J. Smith, Hist. Fil. 295. 1875.

产地：福建上杭、南平、龙岩；江西遂川、井冈山；浙江平阳。

分布：福建、江西、浙江、广东、广西、贵州、海南（白沙、吊罗山）、湖南（通道、宜章）、台湾、西藏（墨脱、察隅）、香港、云南。广布于泛热带地区，南达非洲好望角、马达加斯加和南极洲附近岛屿。

凭证标本：福建龙岩市新罗区小池镇，曾宪锋 ZXF31450(CZH)；江西遂川县，程景福 63257(JXU)；福建南平延平区茫荡山三千八百坎，严岳鸿、金摄郎、舒江平 JSL5145A(CSH)；浙江南雁荡山，金岳杏 7154(NAS)。

姬蕨属 *Hypolepis* Bernhardi

姬蕨 *Hypolepis punctata* (Thunberg) Mettenius in Kuhn, Filic. Afr. 120. 1868.

产地：福建各地；江西各地；浙江山地丘陵；安徽黄山、祁门、休宁、石台、岳西、金寨、潜山；江苏南部；上海金山。

分布：福建、江西、浙江、安徽、江苏、上海、重庆、广东、广西、贵州、海南、湖北、湖南、四川、台湾、西藏、香港、云南。柬埔寨、日本、韩国、老挝、马来西亚、菲律宾、斯里兰卡、越南、澳大利亚、热带美洲。

凭证标本：福建宁德，苏享修 CSH14311(CVH)；江西武夷山保护区篁碧金坑，顾钰峰、袁泉 YYH15315（CSH）；浙江遂昌白马山，商辉、张锐、丁俊浩 SG2942；安徽岳西青天乡牛草山，金摄郎 JSL4639（CSH）。

鳞盖蕨属 *Microlepia* C. Presl

华南鳞盖蕨 *Microlepia hancei* Prantl, Arbeiten Königl. Bot. Gart. Breslau. 1: 35. 1892.

产地：福建各地；江西铅山、寻乌、鹰潭、安远；浙江平阳、苍南。

分布：福建、江西、浙江、澳门、广东、广西、贵州、海南、湖南、台湾、香港、云南。不丹、柬埔寨、印度、日本、老挝、尼泊尔、越南。

凭证标本：福建南靖和溪乐土雨林，何建仁 1032（AU）；福建南平延平区茫荡山三千八百坎，严岳鸿、金摄郎、舒江平 JSL5197（CSH）；江西鹰潭，商辉、顾钰峰 SG295（CSH）。

虎克鳞盖蕨 *Microlepia hookeriana* (Wallich ex Hooker) C. Presl, Epimel. Bot. 95. 1851.

产地：福建南靖、龙岩、南平；江西安远、崇义；浙江平阳。

分布：福建、江西、浙江、广东、广西、贵州、海南、湖南、台湾、香港、云南。印度北部、印度尼西亚、琉球群岛、马来西亚、尼泊尔、越南。

凭证标本：福建南靖和溪六斗山，叶国栋 1535（PE）；福建南平延平区溪源大峡谷，严岳鸿、金摄郎、舒江平 JSL5220（CSH）；江西崇义县齐云山保护区，严岳鸿、周喜乐、王兰英 3917（HUST）。

克氏鳞盖蕨 *Microlepia krameri* C. M. Kuo, Taiwania. 30: 59. 1985.

产地：福建福州。

分布：福建（顾钰峰等，2015）、香港、台湾。中国特有。

凭证标本：福州马尾区琅岐镇白云山，顾钰峰 GBJ02946（CSH）。

边缘鳞盖蕨 *Microlepia marginata* (Panzer) C. Christensen, Index Filic. 212. 1905.

产地：福建各地；江西各地；浙江山地丘陵；安徽皖南山区、大别山区；江苏南京、句容、宜兴；上海金山、松江。

分布：福建、江西、浙江、安徽、江苏、上海、重庆、甘肃、广东、广西、贵州、海南、河南、湖北、湖南、四川、台湾、香港、云南。印度、印度尼西亚、日本、尼泊尔、巴布亚新几内亚、斯里兰卡、泰国、越南。

凭证标本：福建武夷山自然保护区挂墩，王希蕖 84297（NAS）；浙江昌化九龙山横坑，姚关琥 5931(PE)；安徽黄山风景区，金摄郎 JSL5330(CSH)；江苏句容宝华山，金冬梅、魏宏宇、陈彬 CFH09000365(CSH)。

二回边缘鳞盖蕨 *Microlepia marginata* var. *bipinnata* Makino, J. Jap. Bot. 3(12): 47. 1926.

产地：福建屏南；江西各地；浙江泰顺、温州、江山、遂昌；安徽祁门；江苏宜兴。

分布：福建、江西、浙江、安徽、江苏、重庆、广东、广西、贵州、海南、湖北、湖南、四川、台湾、云南。印度北部、日本、尼泊尔、巴布亚新几内亚、斯里兰卡、越南。

凭证标本：福建屏南鸳鸯溪风景区，顾钰峰、金冬梅、魏宏宇 SG2364(CSH)；江西庐山马尾水，谭策铭，易发彬等 05920(CCAU)；浙江江山石门镇江郎山，金摄郎、舒江平、赵国华、张锐 JSL3061(CSH)；安徽祁门安凌镇大洪岭林场，金摄郎 JSL5574(CSH)。

羽叶鳞盖蕨 *Microlepia marginata* var. *intramarginalis* (Tagawa) Y. H. Yan, Fl. China 2-3: 161(2013).

异名：*Microlepia strigosa* (Thunberg) C. Presl var. *intramarginalis* Tagawa, Acta Phytotax. Geobot. 10: 202. 1941; *M. calvescens* var. *intramarginalis* (Tagawa) W. C. Shieh. Quart. J. Chin. Forest. 6(4): 92, 1973.

产地：浙江文成。

分布：浙江（林峰等，2020）、台湾。中国特有。

凭证标本：浙江文成铜铃山千秋门，梅旭东、刘西、林坚 WC19042102(ZM)。

毛叶边缘鳞盖蕨 *Microlepia marginata* var. *villosa* (C. Presl) Y. C. Wu, Bull. Dept. Biol. Sun Yatsen Univ. 3: 112. 1932.

产地：福建古田；江西各地；浙江杭州、定海、普陀、温州、泰顺；安徽祁门；江苏宜兴。

分布：福建、江西、浙江、安徽、江苏、重庆、广东、广西、贵州、海南、湖北、四川、台湾、云南。印度北部、日本、尼泊尔、巴布亚新几内亚、斯里兰卡、越南。

凭证标本：福建古田县招坑村，兰艳黎 07208(HUST)；江西瑞昌市青山，谭策铭 95543(NAS)；江西婺源江湾镇江湾，谭策铭 101026(JJF)；安徽祁门，anonymous 0284(PE)。

皖南鳞盖蕨 *Microlepia modesta* Ching, Fl. Reipubl. Popularis Sin. 2: 358. 1959.

产地：江西寻乌；浙江平阳；安徽黄山、桐城。

分布：江西、浙江、安徽。华东特有。

凭证标本：江西寻乌县上坪分场村边，程景福 40192（JXU）。

团羽鳞盖蕨 *Microlepia obtusiloba* Hayata, Bot. Mag. (Tokyo). 23: 27. 1909.

产地：福建南靖。

分布：福建（顾钰峰等，2015）、澳门、广东、广西、贵州、海南、台湾、云南。越南北部。

凭证标本：福建南靖县和溪六斗山，叶国栋 001343（PE）；福建漳州市南靖县乐土雨林，陈彬 GBJ02615、GBJ02623（CSH）。

假粗毛鳞盖蕨 *Microlepia pseudostrigosa* Makino, Bot. Mag. (Tokyo). 28: 337. 1914.

异名：中华鳞盖蕨 *Microlepia sinostrigosa* Ching, Fl. Reipubl. Popularis Sin. 2: 220-221, Addenda 360. 1959.

产地：浙江杭州、舟山；江苏宜兴。

分布：浙江、江苏、重庆、甘肃、广东、广西、贵州、湖北、湖南、陕西、四川、云南。日本、越南。

凭证标本：浙江舟山市普陀区朱家尖，葛斌杰、王正伟、苏永欣 GBJ01571（CSH）。

粗毛鳞盖蕨 *Microlepia strigosa* (Thunberg) C. Presl, Epimel. Bot. 95. 1851.

产地：福建福清、连江、福州、南平、武夷山、屏南；江西婺源、弋阳；浙江宁波、舟山、乐清、温州、泰顺、临安、开化。

分布：福建、江西、浙江、重庆、广东、广西、贵州、海南、湖北、湖南、四川、台湾、香港、云南。喜马拉雅地区、印度尼西亚、日本、菲律宾、斯里兰卡、泰国、太平洋岛屿。

凭证标本：福建屏南县宜洋到陈峭，苏享修 CFH09009995（CSH）；浙江开化齐溪镇钱江源大峡谷，金摄郎、魏宏宇、张娇 JSL5892（CSH）；浙江临安，金冬梅、罗俊杰、魏宏宇 Fern09932（CSH）。

光叶鳞盖蕨 *Microlepia marginata* var. *calvescens* (Wallich ex Hooker) C. Christensen, Index Filic. 208. 1905.

异名：*Microlepia calvescens*（Wallich ex Hooker）C. Presl, Epimel. Bot. 95. 1849.

产地：福建武夷山、南靖、福清及沿海各地；江西寻乌、崇义；浙江鄞州。

分布：福建、江西（曾宪锋和邱贺媛，2014）、浙江、重庆、广东、广西、贵州、海南、湖南、四川、台湾、云南。印度、印度尼西亚、泰国、越南。

凭证标本：福建南靖县新寨后，厦门大学采集队 1153（KUN）；江西寻乌县南桥镇青龙岩风景区，曾宪锋 13563（CANT）；浙江，Ching 1693（PE）。

稀子蕨属 *Monachosorum* Kunze

尾叶稀子蕨 *Monachosorum flagellare* (Maximowicz ex Makino) Hayata, Bot. Mag. (Tokyo). 23: 29. 1909.

异名：华中稀子蕨 *Monachosorella flagellaris* var. *nipponicum*（Makino）Tagawa, Acta Phytotax. Geobot. 1（1）: 88. 1932.

产地：江西庐山、武功山、井冈山、全南、铅山；浙江临安、淳安、遂昌、龙泉、江山、武义；安徽宁国。

分布：江西、浙江、安徽、重庆、广西、贵州、湖南、四川、云南。日本。

凭证标本：江西安福武功山大石板，岳俊三等 3536（NAS）；浙江江山廿八都镇浮盖山，金摄郎、舒江平、赵国华、张锐 JSL3202（CSH）；浙江临安大明山风景区，金冬梅、罗俊杰、魏宏宇 Fern09889（CSH）。

稀子蕨 *Monachosorum henryi* Christ, Bull. Herb. Boissier. 6: 869. 1898.

产地：江西井冈山。

分布：江西、重庆、广东、广西、贵州、湖南、四川、台湾、西藏、云南。不丹、印度东北部、缅甸、尼泊尔、越南。

凭证标本：江西井冈山，D. E. Boufford et al. 43084（PE）。

穴子蕨 *Monachosorum maximowiczii* (Baker) Hayata, Bot. Mag. (Tokyo). 23: 29. 1909.

异名：岩穴蕨 *Ptilopteris maximowiczii*（Baker）Hance, J. Bot. 22（5）: 139. 1884.

产地：江西庐山、铅山、玉山、寻乌；浙江临安、淳安；安徽黄山。

分布：江西、浙江、安徽、重庆、贵州、湖北、湖南、四川、台湾。日本。

凭证标本：江西铅山县武夷山，龚明暄、程景福 60059（JXU）；浙江临安天目山，陆廷琦 60107433（浙江大学植物标本馆）；安徽黄山风景区，金摄郎 JSL5309（CSH）。

蕨属 *Pteridium* Gleditsch ex Scopoli

蕨 *Pteridium aquilinum* var. *latiusculum* (Desvaux) Underwood ex A. Heller, Cat. N. Amer. Pl., ed. 3. 17. 1909.

产地：福建、江西、浙江、安徽、江苏各省广布；山东胶东半岛及蒙山；上海。

分布：全国广布，但主要分布在华南。日本、欧洲、北美洲。

凭证标本: 福建连城县，王大顺 1015(PE)；江西全南县茅山砂湖桥，成景福 64407(PE)；安徽岳西枯井园自然保护区，金摄郎 JSL2978(CSH)；江苏句容宝华山国家森林公园，金冬梅、魏宏宇、陈彬 CFH09000371(CSH)；山东青岛崂山，商辉、汪浩 SG2124(CSH)。

毛轴蕨 *Pteridium revolutum* (Blume) Nakai, Bot. Mag. (Tokyo). 39: 109. 1925.

产地: 江西庐山、宜丰、泰和、井冈山、崇义，浙江庆元、文成、龙泉、泰顺。

分布: 江西、浙江、重庆、甘肃、广东、广西、贵州、河南、湖北、湖南、陕西、四川、台湾、西藏、云南。广布于亚洲热带和亚热带地区、澳大利亚北部。

凭证标本: 江西崇义县齐云山自然保护区，严岳鸿、周喜乐、王兰英 4045(HUST)；浙江泰顺乌岩岭，裘佩喜、吴依平 6284(PE)。

凤尾蕨科 Pteridaceae

铁线蕨属 *Adiantum* Linnaeus

团羽铁线蕨 *Adiantum capillus-junonis* Ruprecht, Beitr. Pflanzenk. Russ. Reiches. 3: 49. 1845.

产地：山东泰山、济南、枣庄、平邑、蒙阴、邹城。

分布：山东、北京、重庆、甘肃、广东、广西、贵州、河北、河南、湖南、辽宁、山西、四川、台湾、天津、香港、云南。日本、朝鲜半岛。

凭证标本：山东邹城市张庄镇大律村，侯元同、郭成勇、徐连升、侯春丽 12010477（QFNU）。

铁线蕨 *Adiantum capillus-veneris* Linnaeus, Sp. Pl. 2: 1096. 1753.

异名：条裂铁线蕨 *Adiantum capillus-veneris* f. *dissectum*（M. Martens & Galeotti）Ching, Acta Phytotax. Sin. 6: 344. 1957.

产地：福建各地，尤以沿海为多；江西婺源、萍乡、大余、安远、龙南；浙江杭州、淳安、建德、诸暨、开化、衢州、乐清；安徽黟县、祁门、石台、宁国、铜陵；江苏各地。

分布：福建、江西、浙江、安徽、江苏、澳门、北京、重庆、甘肃、广东、广西、贵州、海南、河北、河南、湖北、湖南、山西、陕西、四川、台湾、天津、西藏、香港、新疆、云南。非洲、美洲、亚洲、欧洲、大洋洲。

凭证标本：福建永泰县，葛斌杰、陈彬、苏永欣、顾钰峰 GBJ04181（CSH）；江西萍乡，熊耀国 08171（LBG）；浙江临安清凉峰镇新顺溪村，金摄郎、魏宏宇、张娇 JSL5912（CSH）；安徽祁门安凌镇广大村，金摄郎 JSL5519（CSH）。

鞭叶铁线蕨 *Adiantum caudatum* Linnaeus, Mant. Pl. 308. 1771.

产地：福建厦门、仙游、永泰、漳浦；江西龙南、大余；浙江舟山。

分布：福建、江西、浙江、澳门、重庆、广东、广西、贵州、海南、湖南、四川、台湾、香港、云南。不丹、柬埔寨、印度、印度尼西亚、老挝、马来西亚、缅甸、尼泊尔、菲律宾、泰国、越南。

凭证标本：福建漳州市漳浦县沙溪镇海月岩，曾宪锋 ZXF32260（CZH）；江西大余县三江口，徐声修 4057（JXU）。

长尾铁线蕨 *Adiantum diaphanum* Blume, Enum. Pl. Javae. 2: 215. 1828.

产地：福建沿海各地、南靖、上杭、德化、仙游、永泰；江西南部。

分布：福建、江西、广东、贵州、海南、湖南、台湾。印度尼西亚、马来西亚、越南、澳大利亚、新西兰、波利尼西亚。

凭证标本：福建平和县大溪乡石寨村，陈恒彬 852（FJSI）；福建屏南宝山宾馆附近，顾钰峰、金冬梅、魏宏宇 SG2384（CSH）；福建南平茫荡镇宝珠村思少屯，严岳鸿、金摄郎、舒江平 JSL5105（CSH）；江西，程景福 64245（PE）。

普通铁线蕨 *Adiantum edgeworthii* Hooker, Sp. Fil. 2: 14 1851.

产地：山东泰山、昆嵛山、崂山、临沭。

分布：山东、北京、重庆、甘肃、广西、贵州、河北、河南、辽宁、陕西、四川、台湾、天津、西藏、云南。不丹、印度北部、日本、马来西亚、缅甸、尼泊尔、菲律宾、泰国北部、越南。

凭证标本：山东青岛，中德队 38a（PE）。

扇叶铁线蕨 *Adiantum flabellulatum* Linnaeus, Sp. Pl. 2: 1095. 1753.

产地：福建各地；江西庐山、南丰、广昌、遂川、兴国、瑞金、会昌、崇义、南康、大余、全南、龙南、安远、寻乌，吉安；浙江舟山、金华、龙泉、永嘉、乐清、温州、苍南、泰顺；安徽休宁、歙县、石台、潜山。

分布：福建、江西、浙江、安徽、澳门、重庆、广东、广西、贵州、海南、湖北、湖南、四川、台湾、香港、云南。印度、印度尼西亚、日本、马来西亚、缅甸、菲律宾、斯里兰卡、泰国、越南。

凭证标本：福建武夷山市武夷山，周鹤昌 4208（IBSC）；福建屏南屏城乡里汾溪村白水际电站，顾钰峰、金冬梅、魏宏宇 SG2320（CSH）；江西遂川，岳俊三 4463（IBSC）；浙江泰顺，张朝芳、王若谷 7319（PE）；安徽石台县七里镇缘溪村黄崖大峡谷，金摄郎 JSL5715（CSH）。

仙霞铁线蕨 *Adiantum juxtapositum* Ching, Acta Phytotax. Sin. 6: 312. 1957.

产地：福建武夷山、连城；江西鹰潭；浙江江山、淳安。

分布：福建、江西、浙江、湖南、广东。中国特有。

凭证标本：福建武夷山市，周喜乐、刘子玥、张庆费、钟鑫 ZXL06778（CSH）；江西鹰潭龙虎山，徐兴翔、阮勇强 512（HUST）；浙江淳安，洪林 842（HHBG）。

假鞭叶铁线蕨 *Adiantum malesianum* J. Ghatak, Bull. Bot. Surv. India. 5: 73. 1963.

产地：江西于都。

分布：江西、广东、广西、贵州、海南、湖南、四川、台湾、云南。印度、印度尼西亚、马来西亚、缅甸、菲律宾、斯里兰卡、泰国、越南、波利尼西亚。

凭证标本：江西赣州市于都县，张贵志、田径 1110085（CSFI）。

单盖铁线蕨 *Adiantum monochlamys* D. C. Eaton, Proc. Amer. Acad. Arts. 4: 110. 1858.

产地：浙江宁波。

分布：浙江、重庆、贵州、湖北、四川、台湾。日本、韩国南部。

凭证标本：浙江镇海，NAS00148631（条码号）（NAS）。

灰背铁线蕨 *Adiantum myriosorum* Baker, Bull. Misc. Inform. Kew. 1898: 230. 1898.

异名：下弯铁线蕨 *Adiantum myriosorum* var. *recurvatum* Ching & Y. X. Lin, Bull. Bot. Res., Harbin 3（3）: 4, f. 3. 1983.

产地：江西铅山；浙江淳安、建德、遂昌、安吉、临安；安徽宁国。

分布：江西（魏作影等，2020）、浙江、安徽、重庆、甘肃、贵州、河南、湖北、湖南、陕西、四川、台湾、西藏、云南。不丹、印度东北部、克什米尔地区、缅甸北部、尼泊尔。

凭证标本：江西武夷山保护区叶家厂大坑，顾钰峰、夏增强 YYH15400（CSH）；浙江遂昌，裘佩熹、姚关琥 5676（PE）。

昌化铁线蕨 *Adiantum subpedatum* Ching, Bull. Bot. Res., Harbin. 3(3): 2. 1983.

产地：浙江临安、昌化；安徽绩溪。

分布：浙江、安徽（韦宏金等，2020）。华东特有。

凭证标本：浙江临安，张朝芳 6716（PE）；浙江昌化龙塘山西南向，贺贤育 23731（HHBG）；安徽绩溪清凉峰自然保护区，金摄郎、魏宏宇、张娇 JSL6126（CSH）。

粉背蕨属 *Aleuritopteris* Fée

粉背蕨 *Aleuritopteris anceps* (Blanford) Panigrahi, Bull. Bot. Surv. India. 2: 321. 1961.

异名：*Aleuritopteris pseudofarinosa* Ching & S. K. Wu, Acta Phytotax. Sin. 19（1）: 72. 1981; *A. wuyishanensis* Ching, Wuyi Sci. J. 1（1）: 2-3. 1981.

产地：福建南平、南靖；江西庐山、修水、宜丰、安福、黎川、会昌、大余、安远、遂川；浙江遂昌、永嘉、乐清、瑞安；安徽石台。

分布：福建、江西、浙江、安徽（韦宏金等，2020）、广东、广西、贵州、湖南、四川、香港、云南。不丹、印度、克什米尔地区、尼泊尔、巴基斯坦。

凭证标本: 福建南平市延平区茫荡镇宝珠村思少屯,严岳鸿、金摄郎、舒江平 JSL5104(CSH);江西崇义齐云山,严岳鸿、何祖霞 3721(HUST);浙江乐清,邢公侠、张朝芳、林尤兴 160(PE);安徽石台大演乡牯牛降风景区,金摄郎 JSL5599(CSH)。

银粉背蕨 *Aleuritopteris argentea* (Gmél.) Fée, Mém. Foug. 5: 154. 1852.

产地: 福建厦门、长汀、三明;江西铅山、庐山、武宁、铜鼓、奉新、宜丰、安福、会昌、大余;浙江江山、杭州、淳安、宁海、金华、磐安、天台;安徽九华山、休宁、石台、宁国、铜陵、金寨、潜山;江苏南京、无锡;山东各山区丘陵。

分布: 中国广布。不丹、日本、韩国、蒙古、尼泊尔、俄罗斯。

凭证标本: 福建三明市泰宁,商辉、顾钰峰 SG128(CSH);江西庐山,董安森 1903(JJF);浙江江山石门镇江郎山,金摄郎、舒江平、赵国华、张锐 JSL3101(CSH);安徽休宁齐云山风景区,金摄郎 JSL5429(CSH)。

陕西粉背蕨 *Aleuritopteris argentea* var. *obscura* (Christ) Ching, Hong Kong Naturalist. 10: 198. 1941.

产地: 江西庐山;安徽九华山、安庆、岳西;山东各山区丘陵。

分布: 江西、安徽、山东、北京、重庆、甘肃、贵州、河南、河北、辽宁、青海、山西、陕西、四川、天津、云南。中国特有。

凭证标本: 安徽岳西青天乡老屋村,金摄郎 JSL3035(CSH);山东泰安泰山,商辉、汪浩 SG2137(CSH);山东邹城峄山风景区,侯元同、徐连升、侯春丽 12010707(QFNU)。

华北粉背蕨 *Aleuritopteris kuhnii* (Milde) Ching, Hong Kong Naturalist. 10: 202. 1941.

产地: 山东泰安。

分布: 山东、北京、甘肃、河北、河南、吉林、辽宁、内蒙古、山西、陕西、四川、天津、西藏、云南。日本、韩国、俄罗斯。

凭证标本: 山东泰安泰山,商辉、汪浩 SG2144(CSH);山东泰山,Y. Yabe, NAS00147852(NAS)。

雪白粉背蕨 *Aleuritopteris niphobola* (C. Chr.) Ching, Hong Kong Naturalist. 10: 197. 1941.

产地: 山东泰安、抱犊固、平邑、蒙山、千佛山。

分布: 山东、北京、甘肃、河北、内蒙古、宁夏、山西、陕西、四川、西藏。中国特有。

凭证标本: 山东泰安泰山, 商辉、汪浩 SG2146(CSH)。

车前蕨属 *Antrophyum* Kaulfuss

长柄车前蕨 *Antrophyum obovatum* Baker, Kew Bull. 233. 1898.

产地: 福建泰宁; 江西井冈山、全南、寻乌。

分布: 福建、江西、重庆、广东、广西、贵州、湖南、四川、台湾、西藏、云南。不丹、印度、日本、缅甸、尼泊尔、泰国北部、越南。

凭证标本: 福建泰宁县焦溪, 李明生 546(PE); 江西井冈山, anonymous 8210178(JXU)。

水蕨属 *Ceratopteris* Brongniart

粗梗水蕨 *Ceratopteris pteridoides* (Hooker) Hieronymus, Bot. Jahrb. Syst. 34: 561. 1905.

产地: 江西九江; 安徽巢湖; 江苏淮安; 山东微山。

分布: 江西、安徽、江苏、山东、湖北、湖南。孟加拉国、印度、越南、美洲。

凭证标本: 江西九江赤湖, 陈耀东、官少飞、郎青 781(PE); 安徽东流城外, 王名金 3886(NAS); 江苏; 淮安盱眙县明祖陵淮河河滩, 徐增莱、吴宝成 0407(NAS); 山东滕州市微山湖红荷湿地风景区芦苇荡, 金冬梅、于俊浩 Fern08763(CSH)。

水蕨 *Ceratopteris thalictroides* (Linnaeus) Brongniart, Bull. Sci. Soc. Philom. Paris. 8: 186. 1822.

产地: 福建各地; 江西庐山、瑞昌、泰和、安远; 浙江湖州、德清、桐乡、杭州、舟山; 安徽安庆、舒城、巢湖; 江苏南京、无锡、昆山、吴江; 山东微山; 上海浦东、青浦、徐汇。

分布: 福建、江西、浙江、安徽、江苏、山东、上海、澳门、广东、广西、贵州（黎平）、海南、湖北、四川、台湾、香港、云南。印度、印度尼西亚、日本、马来西亚、缅甸、尼泊尔、巴布亚新几内亚、菲律宾、斯里兰卡、泰国、越南、澳大利亚、非洲、美洲、太平洋岛屿。

凭证标本: 福建厦门市禾山, 叶国栋 92(PE); 江西泰和县石山公社, 赖书绅、王江林、杨建国、张少春 004(LBG); 浙江舟山普陀区桃花岛, 葛斌杰、王正伟、苏永欣 GBJ02274(CSH); 江苏宜兴, 严岳鸿、张锐、商辉 Fern09726(CSH); 山东微山县南阳古镇健民村附近, 王康满等 140549(QFNU)。

碎米蕨属 *Cheilanthes* Swartz

中华隐囊蕨 *Cheilanthes chinensis* (Baker) Domin, Biblioth. Bot. 85: 133. 1913.

产地: 安徽石台。

分布: 安徽 (韦宏金等, 2020)、重庆、广西 (临桂)、贵州东北部、湖北西部、湖南、四川。中国特有。

凭证标本: 安徽石台仁里镇同心村焦曹组, 金摄郎、商辉、莫日根高娃等 JSL5611A (CSH)。

毛轴碎米蕨 *Cheilanthes chusana* Hooker, Sp. Fil. 2: 95. 1852.

产地: 福建厦门、莆田、福州、沙县、将乐、屏南;江西庐山、瑞昌、武宁、永修、奉新、丰城、萍乡、南丰、崇义、大余、安远;浙江杭州、淳安、建德、开化、金华、东阳、磐安、遂昌、龙泉、缙云、乐清、安吉;安徽皖南和大别山区;江苏各地。

分布: 福建、江西、浙江、安徽、江苏、重庆、甘肃、广东、广西、贵州、河南、湖北、湖南、陕西、四川、台湾、香港。日本、菲律宾、越南。

凭证标本: 福建屏南县鸳鸯溪风景区, 顾钰峰、金冬梅、魏宏宇 SG2366 (CSH);浙江临安清凉峰镇新顺溪村, 金摄郎、魏宏宇、张娇 JSL5913 (CSH);安徽休宁齐云山镇齐云山风景区, 金摄郎 JSL5408 (CSH)。

旱蕨 *Cheilanthes nitidula* Wallich ex Hooker, Sp. Fil. 2: 112. 1852.

产地: 福建南平、南靖、屏南、将乐;江西庐山、武宁;浙江萧山、龙泉、庆元、文成、江山、开化。

分布: 福建、江西、浙江、重庆、甘肃、广东、广西、贵州、河南、湖北、湖南、四川、台湾、西藏、云南。不丹、印度、日本、克什米尔地区、尼泊尔、巴基斯坦、越南。

凭证标本: 福建将乐县将溪伐木场, 陇西山考察队 0223 (PE);福建南平茫荡镇宝珠村思少屯, 严岳鸿、金摄郎、舒江平 JSL5103 (CSH);江西庐山, 熊耀国 495 (PE);浙江江山石门镇江郎山, 金摄郎、舒江平、赵国华、张锐 JSL3087 (CSH)。

隐囊蕨 *Cheilanthes nudiuscula* (R. Brown) T. Moore, Index Fil. 249. 1861.

异名: *Notholaena hirsuta* (Poiret) Desvaux, J. Bot. Agric. 1: 93. 1813.

产地: 福建诏安、厦门、南靖、武夷山、漳州、南平。

分布: 福建、澳门、广东、广西 (南宁)、台湾、香港。马来群岛、大洋洲。

凭证标本：福建厦门市禾山塘边，叶国栋 981（PE）；福建漳州云霄县下河乡，陈恒彬 2354（FJSI）；福建南平松溪县湛卢山，何国生 7641（IBSC）。

薄叶碎米蕨 *Cheilanthes tenuifolia* (N. L. Burman) Swartz, Syn. Fil. 129, 332. 1806.

异名：*Cheilosoria tenuifolia*（N. L. Burman）Trevisan, Atti dell Istit. Veneto 5（3）: 579. 1877.

产地：福建诏安、尤溪、龙岩、武夷山；江西赣州、会昌、大余、安远；浙江永嘉、平阳、苍南。

分布：福建、江西、浙江、澳门、广东、广西、海南、湖南南部、台湾、香港、云南。柬埔寨、印度、老挝、马来西亚、尼泊尔、斯里兰卡、泰国、越南、大洋洲。

凭证标本：福建武夷山星村清云洞，裘佩熹 1366（PE）；江西会昌县出头坑至周田途中，胡启明 2921（PE）；浙江平阳县南雁荡山，张朝芳、王若谷 7431（PE）。

凤了蕨属 *Coniogramme* Fée

峨眉凤了蕨 *Coniogramme emeiensis* Ching & K. H. Shing, Acta Bot. Yunnan. 3: 223. 1981.

异名：*Coniogramme crenatoserrata* Ching & K. H. Shing, Acta Bot. Yunnanica 3（2）: 230. 1981.

产地：江西井冈山；浙江临安。

分布：江西、浙江、重庆、广东、广西、贵州、湖北、四川、云南。中国特有。

凭证标本：江西井冈山，徐声修 8310301（JXU）。

镰羽凤了蕨 *Coniogramme falcipinna* Ching & K. H. Shing, Acta Bot. Yunnan. 3: 224. 1981.

产地：浙江龙泉、丽水、金华。

分布：浙江、重庆、贵州、四川。中国特有。

凭证标本：浙江丽水遂昌县九龙山国家级自然保护区黄玄淤保护站，韦宏金、钟鑫、沈彬 JSL3557（CSH）。

无毛凤了蕨 *Coniogramme intermedia* var. *glabra* Ching, Icon. Filic. Sin. 3: t. 143. 1935.

产地：江西庐山、武宁；浙江安吉、临安；安徽黄山；江苏句容。

分布：江西、浙江、安徽、江苏、重庆、福建、甘肃、贵州、河北、黑龙江、河南、湖北、湖南、吉林、辽宁、宁夏、陕西、四川、台湾、西藏、云南。不丹、印度、日本、韩国、尼泊尔、巴基斯坦、俄罗斯、越南。

凭证标本: 江西庐山,谭策铭、董安森 081404(JJF);安徽黄山,T. N. Liou & P. C. Tsoong 2295(WUK);江苏句容,龚家骥 9975(NAS)。

普通凤了蕨 *Coniogramme intermedia* Hieronymus, Hedwigia. 57: 301. 1916.

异名: *Coniogramme intermedia* var. *pulchra* Ching & K. H. Shing, Acta Bot. Yunnanica 3(2): 236. 1981; *C. maxima* Ching & K. H. Shing, Acta Bot. Yunnan. 3(2): 232-233. 1981.

产地: 福建武夷山、屏南;江西武功山、铅山、庐山;浙江临安、淳安、庆元、遂昌、开化、磐安、龙泉;安徽休宁、霍山。

分布: 福建、江西、浙江、安徽、北京、重庆、甘肃、广东、广西、贵州、海南、河北、黑龙江、河南、湖北、湖南、吉林、辽宁、宁夏、陕西、四川、台湾、西藏、云南。不丹、印度、日本、韩国、尼泊尔、巴基斯坦、俄罗斯、越南。

凭证标本: 福建武夷山自然保护区挂墩,周喜乐、金冬梅、王莹 ZXL05517(CSH);江西庐山汉阳峰东,王名金 0864(PE);安徽霍山大化坪苍坪大沟,邓、魏 80089(NAS)。

凤了蕨 *Coniogramme japonica* (Thunberg) Diels in Engler & Prantl, Nat. Pflanzenfam. 1(4): 262. 1899.

异名: *Coniogramme japonica* var. *gracilis* (Ogata) Tagawa, J. Jap. Bot. 15(7): 428. 1939; *C. centrochinensis* Ching, Fl. Jiangsuensis 1: 465 1977.

产地: 福建连城、长汀、宁化、德化、永安、沙县、南平、邵武、武夷山、浦城、屏南;江西各地;浙江山地丘陵;安徽黄山、九华山、休宁、宁国、太平、铜陵;江苏句容、宜兴、溧阳、无锡。

分布: 福建、江西、浙江、安徽、江苏南部、重庆、广东、广西、贵州、河南、湖北、湖南、陕西、四川、台湾、云南。日本、韩国。

凭证标本: 福建武夷山风景区,周喜乐、金冬梅、王莹 ZXL05585(CSH);江西遂川县大汾区淋洋大窝,岳俊三等 4057(PE);浙江鄞州天童山林场,邢公侠 张朝芳 林尤兴 563(PE);江苏句容宝华山,金冬梅、魏宏宇、陈彬 CFH09000363(CSH)。

井冈山凤了蕨 *Coniogramme jinggangshanensis* Ching & K. H. Shing, Acta Bot. Yunnan. 3: 238. 1981.

产地: 福建建宁;江西井冈山;浙江安吉。

分布: 福建、江西、浙江、贵州、湖南。中国特有。

凭证标本: 浙江安吉大溪至上墙途中，贺贤育24466(NAS)。

黑轴凤了蕨 *Coniogramme robusta* (Christ) Christ, Bull. Acad. Int. Géogr. Bot. 19: 175. 1909.

产地: 江西宜丰、萍乡。

分布: 江西、重庆、广东、广西、贵州、湖北、湖南、四川、云南。中国特有。

凭证标本: 江西宜丰黄岗乡，熊耀国6276(PE)。

乳头凤了蕨 *Coniogramme rosthornii* Hieronymus, Hedwigia. 57: 307. 1916.

产地: 安徽金寨。

分布: 安徽（韦宏金等，2018）、重庆、甘肃、贵州、河南、湖北、湖南、陕西、四川、云南。越南。

凭证标本: 安徽金寨县天马自然保护区，韦宏金JSL3372、JSL3375(CSH)。

紫柄凤了蕨 *Coniogramme sinensis* Ching, Fl. Tsinling. 2: 210. 1974.

产地: 江西铅山；浙江开化。

分布: 江西（新记录）、浙江、重庆、甘肃、河南、湖南、陕西、四川。中国特有。

凭证标本: 江西铅山县武夷山保护区宾馆至桐木关，周喜乐、刘子玥、刘以诚、李春香、李中阳ZXL06736(CSH)；浙江，贺贤育27581(HHBG)。

疏网凤了蕨 *Coniogramme wilsonii* Hieronymus, Hedwigia. 57: 321. 1916.

产地: 浙江杭州、淳安、建德、遂昌；安徽岳西、金寨；江苏连云港。

分布: 浙江、安徽（韦宏金等，2018）、江苏、重庆、甘肃、广西、贵州、河南、湖北、湖南、陕西、四川。中国特有。

凭证标本: 浙江遂昌九龙山外九龙，姚关琥5993(PE)；安徽金寨天堂寨风景区，金摄郎JSL3389(CSH)。

书带蕨属 *Haplopteris* C. Presl

剑叶书带蕨 *Haplopteris amboinensis* (Fée) X. C. Zhang, Ann. Bot. Fenn. 40: 460. 2003.

产地: 江西铅山。

分布: 江西、广东、广西、海南、香港、云南。柬埔寨、印度北部、印度尼西亚、日本、老挝、马来西亚、缅甸、泰国、越南。

凭证标本: 江西武夷山保护区叶家厂猪母坑，严岳鸿、魏作影、袁泉YYH15442(CSH)。

华中书带蕨 *Haplopteris centrochinensis* (Ching ex J. F. Cheng) Y. Y. Yan, Z. Y. Wei & X. C. Zhang, PhytoKeys 178: 90, figs. 1-3. 2021.

异名： *Vittaria centrochinensis* Ching ex J. F. Cheng, Fl. Jiangxi 1: 353, 505, f. 367. 1993; *Haploptetis taeniophylla*（Copeland）E. H. Crane: F. Zhang in C. F. Zhang et S. Y. Zhang, Fl. Zhejiang 1: 111. 1993; *H. fudzinoi*（Makino）E. H. Crane: X. C. Zhang in Flora Rep. Poup. Sin. 3（2）: 20.1999.

产地： 江西上饶、井冈山；浙江开化、龙泉、临安。

分布： 江西、浙江、广西、贵州、湖南。

凭证标本： 江西上饶玉山县三清山，徐声修 91018（JXU）；浙江庆元百山祖，裴佩熹 4263（PE）；浙江临安昌化顺溪坞龙潭上，贺贤育 22697（NAS）。

唇边书带蕨 *Haplopteris elongata* (Swartz) E. H. Crane, Syst. Bot. 22: 514. 1998.

异名： *Vittaria elongata* Swartz, Syn. Fil. 109, 302. 1806.

产地： 福建永泰、宁德、南靖。

分布： 福建、广东、广西、海南、台湾、西藏东南部、云南南部。印度尼西亚、日本南部、老挝、马来西亚、缅甸、尼泊尔、菲律宾、斯里兰卡、泰国、越南、澳大利亚、马达加斯加。

凭证标本： 福建南靖县和溪六斗山，叶国栋 2327（PE）。

书带蕨 *Haplopteris flexuosa* (Fée) E. H. Crane, Syst. Bot. 22: 514. 1998.

异 名： *Vittaria flexuosa* Fée, Mém. Foug. 3: 16. 1852; *V. caricina* Christ, Bull. Acad. Int. Géogr. Bot. 13（173）: 109-110. 1904; *V. modesta* Handel-Mazzetti, Symb. Sin. 6. 42. 1929; *V. filipes* Christ, Bull. Acad. Int. Géogr. Bot. 17（212）: 150-151. 1907.

产地： 福建龙岩、上杭、德化、宁德、武夷山、福州、南平、霞浦、长汀、屏南；江西铅山、庐山、修水、萍乡、泰和、井冈山、遂川、会昌、龙南、全南、寻乌、宜丰、铜鼓、永新、石城、大余；浙江杭州、温州、鄞州、开化、江山、遂昌、龙泉、庆元、乐清、泰顺、平阳、松阳、武义；安徽黄山、祁门、宁国、歙县、金寨、石台。

分布： 福建、江西、浙江、安徽、江苏、重庆、甘肃、广东、广西、贵州、海南、湖北、湖南、四川、台湾、西藏、香港、云南。不丹、柬埔寨、印度、日本、韩国、老挝、缅甸、尼泊尔、泰国、越南。

凭证标本： 福建南平延平区茫荡山三千八百坎，严岳鸿、金摄郎、舒江平 JSL5147、JSL5202（CSH）；江西武夷山保护区叶家厂猪母坑，严岳鸿、魏作影、袁泉 YYH15436；浙江开化县齐溪镇钱江源风景区，金摄郎、魏宏宇、张娇

JSL5859（CVH）。

平肋书带蕨 *Haplopteris fudzinoi* (Makino) E. H. Crane, Syst. Bot. 22: 514. 1998.

异名： *Vittaria fudzinoi* Makino, Bot. Mag.（Tokyo）12: 28. 1898.

产地： 福建武夷山；江西庐山、武宁、宜春、安福、井冈山、遂川；浙江杭州、淳安、龙泉、开化；安徽黄山、歙县清凉峰、休宁。

分布： 福建、江西、浙江、安徽、重庆、广东、广西、贵州、湖北、湖南、四川、云南。日本。

凭证标本： 江西武宁县罗溪石门寺，张吉华 98710（JJF）。

金粉蕨属 *Onychium* Kaulfuss

野雉尾金粉蕨 *Onychium japonicum* (Thunberg) Kunze, Bot. Zeitung (Berlin). 6: 507. 1848.

产地： 福建各地；江西各地；浙江山地丘陵；安徽皖南和大别山区；江苏各地；山东塔山；上海崇明、金山、松江。

分布： 福建、江西、浙江、安徽、江苏、山东、上海、陕西、四川、台湾、香港、云南、重庆、甘肃南部、广东、广西、贵州、河北（新乐）、河南、湖北、湖南。不丹、印度、印度尼西亚、日本、韩国、缅甸、尼泊尔、巴基斯坦、菲律宾、泰国、越南、太平洋岛屿。

凭证标本： 福建南平茫荡镇茂地村，严岳鸿、金摄郎、舒江平 JSL5131（CSH）；江西遂川县大汾镇竹山里，岳俊三等 4101（PE）；浙江武义县牛头山，商辉、张锐、于俊浩 SG2963（CSH）；安徽祁门安凌镇大洪岭林场，金摄郎 JSL5530（CSH）。

栗柄金粉蕨 *Onychium japonicum* var. *lucidum* (D. Don) Christ, Bull. Soc. Bot. France. 52(Mém. 1): 60. 1905.

产地： 福建南平、武夷山、永安、沙县、屏南；江西庐山、瑞金、龙南、全南、铅山；浙江临安、淳安、开化、金华、遂昌、龙泉、庆元；安徽石台、歙县。

分布： 福建、江西、浙江、安徽（韦宏金等，2020）、重庆、甘肃、广东、广西、贵州、湖北、湖南、陕西、四川、西藏、云南。不丹、印度、缅甸、尼泊尔、巴基斯坦、越南。

凭证标本： 福建南平建阳李家坡，裴佩熹 2256（PE）；江西铅山县武夷山保护区，周喜乐、刘子玥、刘以诚、李春香 ZXL06822（CSH）；浙江遂昌九龙山自然保护区罗汉源点，金摄郎、钟鑫、沈彬 JSL3518（CSH）；安徽歙县清凉峰国家级自然保护区，金摄郎、商辉、莫日根高娃等 JSL5626（CSH）。

金毛裸蕨属 *Paragymnopteris* K. H. Shing

耳羽金毛裸蕨 *Paragymnopteris bipinnata* var. *auriculata* (Franch.) K. H. Shing, Indian Fern J. 10: 230. 1994.

产地：山东泰山。

分布：山东、北京、重庆、甘肃、贵州、河北、河南、湖北、辽宁、内蒙古、陕西、四川、西藏、云南。中国特有。

凭证标本：山东泰山，森一〇四五组 083（BNU）。

粉叶蕨属 *Pityrogramma* Link

粉叶蕨 *Pityrogramma calomelanos* (Linnaeus) Link, Handbuch. 3: 20. 1833.

产地：福建厦门、云霄。

分布：福建（何丽娟等，2019）、澳门、广东、广西、海南、台湾、香港、云南。柬埔寨、老挝、越南、非洲、南美洲。

凭证标本：福建厦门市南普陀后山，何丽娟 H0089（OSBG）；福建漳州云霄县常山镇乌山，曾宪锋 ZXF31813（CZH）。

凤尾蕨属 *Pteris* Linnaeus

红秆凤尾蕨 *Pteris amoena* Blume, Enum. Pl. Javae. 2: 210. 1828.

产地：福建南平；浙江苍南。

分布：福建（新记录）、浙江、海南（昌江）、台湾、西藏（墨脱）、云南（广南、西双版纳）。印度、印度尼西亚、缅甸。

凭证标本：福建南平延平区茫荡山三千八百坎，严岳鸿、金摄郎、舒江平 JSL5212（CSH）。

线羽凤尾蕨 *Pteris arisanensis* Tagawa, Acta Phytotax. Geobot. 5: 102. 1936.

产地：福建南靖；江西崇义。

分布：福建（王小夏和林木木，2010）、江西（严岳鸿等，2011）、澳门、广东、广西、贵州（册亨）、海南、湖北、湖南、四川（德昌、盐边）、台湾、香港、云南（中部、南部和西部）。印度、缅甸、尼泊尔、斯里兰卡、泰国、越南。

凭证标本：福建南靖具和溪乡乐土村，王小夏 20080328469（福建省长汀县第二中学植物标本室）；江西崇义县齐云山自然保护区香炉坝，严岳鸿、周喜乐、王兰英 3935（HUST）。

华南凤尾蕨 *Pteris austrosinica* (Ching) Ching, Acta Phytotax. Sin. 10: 302. 1965.

产地： 江西崇义；浙江平阳。

分布： 江西、浙江（林峰等，2020）、广东、广西、湖南。中国特有。

凭证标本： 江西崇义县齐云山保护区龙背，严岳鸿、何祖霞 3720（HUST）；江西崇义县齐云山保护区，严岳鸿、周喜乐、王兰英 3937（HUST）；浙江平阳石城山，陈征海、林峰、陈贤兴 PY19042011（ZM）。

条纹凤尾蕨 *Pteris cadieri* Christ, J. Bot. 19: 72. 1905.

产地： 福建南平、南靖、福州；浙江温州。

分布： 福建、江西、浙江、广东、广西、贵州东北和东南部、湖北、海南、台湾、香港、云南。琉球群岛、越南北部。

凭证标本： 福建南平溪源大峡谷，严岳鸿、金摄郎、舒江平 JSL5223（CSH）；福建南靖县和溪六斗山，叶国栋 01537（FJSI）；浙江乐清雁荡山，周喜乐、严岳鸿、金冬梅、李春香 ZXL05278, ZXL05279（CSH）。

欧洲凤尾蕨（凤尾蕨） *Pteris cretica* Linnaeus, Mant. Pl. 1: 130. 1767.

异名： *Pteris cretica* var. *nervosa*（Thunberg）Ching & S. H. Wu, Fl. Reipubl. Popularis Sin. 3（1）: 28. 1990; *P. nervosa* Thunberg, Syst. Veg., ed. 14（J. A. Murray）. 930. 1784.

产地： 福建南平、屏南；江西铅山、庐山、井冈山、宜丰；浙江临安、桐庐、开化、金华、遂昌、武义、龙泉、庆元、缙云、文成、苍南；安徽歙县、祁门、休宁、石台、岳西。

分布： 福建、江西、浙江、安徽、重庆、广东、广西、甘肃、贵州、河南西南部、湖北、湖南、山西、四川、台湾、西藏、云南。不丹、柬埔寨、印度、日本、克什米尔地区、老挝、尼泊尔、菲律宾、斯里兰卡、泰国、越南、斐济、夏威夷、亚洲西南部、非洲、欧洲。

凭证标本： 福建屏南鸳鸯溪风景区，顾钰峰、金冬梅、魏宏宇 SG2343（CSH）；江西宜丰县官山自然保护区大西坑，叶华谷、曾飞燕 LXP10-2737（IBSC）；浙江临安大明山风景区，金冬梅、罗俊杰、魏宏宇 Fern09919（CSH）；安徽歙县清凉峰国家级自然保护区朱家舍点，金摄郎、魏宏宇、张娇 JSL6058（CSH）。

粗糙凤尾蕨 *Pteris cretica* var. *laeta* (Wallich ex Ettingshausen) C. Christensen & Tardieu, Notul. Syst. (Paris). 6: 137. 1937.

产地： 福建；江西铅山、铜鼓、宜丰、武宁。

分布： 福建、江西、重庆、广东、广西、贵州、湖北、湖南、四川、西藏东南部、云南。越南、柬埔寨、印度北部、尼泊尔、不丹、斯里兰卡。

凭证标本: 福建,张清其715、728(IBSC);江西武宁县石门,谭策铭97029(SZG);江西宜春,谭策铭、陈琳、易发彬、刘以珍、姜向锐04643A(SZG)。

岩凤尾蕨 *Pteris deltodon* Baker, J. Bot. 26: 226. 1888.

产地: 浙江平阳、遂昌、衢州。

分布: 浙江、重庆、广东、广西(龙胜)、贵州(安龙、都匀、平塘)、湖北、湖南、四川、台湾、云南(广南、马关、屏边)。琉球群岛、老挝、越南。

凭证标本: 浙江平阳县莒溪大石,anonymous 24861(NAS);浙江遂昌县九龙山,裘佩熹、姚关琥5509(PE)。

刺齿半边旗 *Pteris dispar* Kunze, Bot. Zeitung (Berlin). 6: 539. 1848.

产地: 福建各地;江西各地;浙江低山丘陵;安徽黄山、黟县、歙县、休宁、石台、祁门、潜山、岳西;江苏南通、南京、溧阳、苏州、宜兴;山东崂山。

分布: 福建、江西、浙江、安徽、江苏、山东、澳门、重庆、广东、广西(临桂、藤县)、贵州、河南、湖北(九宫山)、湖南、四川(峨眉山、泸县)、台湾、香港。日本、韩国、马来西亚、菲律宾、泰国、越南。

凭证标本: 福建武夷山自然保护区桃源峪,周喜乐、金冬梅、王莹ZXL05552(CSH);江西武宁县大洞乡大洞木器厂,谭策铭、张吉华、卢庭生1506555(JJF);浙江开化古田山自然保护区,金摄郎、魏宏宇、张娇JSL5755(CSH);安徽休宁齐云山镇齐云山风景区,金摄郎JSL5364(CSH)。

剑叶凤尾蕨 *Pteris ensiformis* N. L. Burman, Fl. Indica. 230. 1768.

产地: 福建各地;江西南部;浙江永嘉、乐清、温州、瑞安、文成、泰顺。

分布: 福建、江西、浙江、澳门、重庆、广东、广西、贵州西南部、海南、湖南、四川、台湾、香港、云南南部。不丹、柬埔寨、印度北部、琉球群岛、老挝、马来西亚、缅甸、尼泊尔、斯里兰卡、泰国、越南、澳大利亚、斐济、波利尼西亚。

凭证标本: 福建厦门,叶国栋997(PE);福建南平延平区茫荡镇茂地村,严岳鸿、金摄郎、舒江平JSL5127(CSH);江西赣州通天岩严华古寺,熊杰02007(LBG);浙江平阳莒溪白石亭,章绍尧5928(PE)。

阔叶凤尾蕨 *Pteris esqulrolii* Christ, Notul. Syst. (Paris). 1: 50. 1909.

产地: 福建南靖、龙岩;浙江遂昌。

分布: 福建、浙江(新记录)、重庆、甘肃、广东、广西、贵州、湖南、四川、云南。越南北部。

凭证标本：福建南靖县南坑镇溪边林下，anonymous 0635（PE）；浙江遂昌九龙山自然保护区罗汉源点，金摄郎、钟鑫、沈彬 JSL3511（CSH）。

傅氏凤尾蕨 *Pteris fauriei* Hieronymus, Hedwigia. 55: 345. 1914.

异名：*Pteris fauriei* var. *minor* Hieronymus, Hedwigia 55（4）：347. 1914；贵州凤尾蕨 *P. guizhouensis* Ching, Acta Bot. Austro Sin. 1: 10. 1983.

产地：福建各地；江西铅山、宁都、会昌、崇义、大余、安远、寻乌；浙江天台、乐清、苍南、泰顺；安徽祁门、休宁、石台。

分布：福建、江西、浙江、安徽、澳门、重庆、广东、广西、贵州南部、海南、湖南南部、四川、台湾、西藏、云南东南部。日本、越南北部。

凭证标本：福建将乐县将溪伐木场，陇西山考察队 0217（PE）；江西上犹县五指峰三门坑，赣南采集队 1289（PE）；安徽石台县占大镇新华村，金摄郎 JSL5713（CSH）。

百越凤尾蕨 *Pteris fauriei* var. *chinensis* Ching & S. H. Wu, Acta Bot. Austro Sin. 1: 10. 1983.

产地：福建南靖；江西龙南。

分布：福建、江西（徐国良和蔡伟龙，2020）、广东（高要、曲江、云浮）、广西、贵州（独山）、海南（澄迈、儋州、临高）、台湾。中国特有。

凭证标本：福建南靖县和溪镇，裘佩熹 2822（PE）；江西九连山保护区上花露公路两边和林缘地带，徐国良 JLS-6100（JNR）。

疏裂凤尾蕨 *Pteris finotii* Christ, J. Bot. (Morot). 19: 72-73. 1905.

产地：福建南靖。

分布：福建（毛志伟等，2021）、广东、海南、云南（河口、西双版纳）。越南北部。

凭证标本：福建南靖县和溪六斗山，叶国栋 2324（FISI）；福建省南靖县和溪镇乐土雨林，毛志伟、汪韬、史志远 97（AU）。

林下凤尾蕨 *Pteris grevilleana* Wall. ex J. Agardh, Recens. Spec. Pter. 23. 1839.

产地：福建南靖。

分布：福建、澳门、广东、广西、海南、台湾、香港、云南。不丹、印度北部、印度尼西亚、琉球群岛、马来西亚、尼泊尔、菲律宾、泰国、越南。

凭证标本：福建南靖县和溪六斗山，叶国栋 1533（FJSI）。

中华凤尾蕨 *Pteris inaequalis* Baker, J. Bot. 13: 199. 1875.

异名：变异凤尾蕨 *Pteris excelsa* Blume var. *inaequalis*（Baker）S. H. Wu, Fl. Reipubl.

Popularis Sin. 3(1): 50. 1990.

产地: 福建南平；江西井冈山、铜鼓、九连山；浙江建德、遂昌、龙泉、庆元、文成。

分布: 福建、江西、浙江、重庆、广东（乐昌）、广西（龙胜、修仁）、贵州、四川（德昌、峨眉山、合川）、云南（昆明、蒙自）。印度、日本。

凭证标本: 福建南平武夷山市桐木乡龙渡，裴佩熹 1992(PE)；江西铜鼓县云台山小水坑，桂景福 65646(PE)；浙江龙泉市凤阳山，裴佩熹 4134(PE)。

全缘凤尾蕨 *Pteris insignis* Mettenius ex Kuhn, J. Bot. 1868: 269. 1868.

产地: 福建顺昌、南平、南靖、龙岩、永安、福州、上杭、永春；江西各地；浙江乐清、庆元、瑞安、文成、泰顺、苍南。

分布: 福建、江西、浙江、广东、广西、贵州（独山、江口）、海南（陵水）、湖南（江永、洪江、宜章）、四川、香港、云南（红河）。马来西亚、越南。

凭证标本: 福建顺昌县七台山场后山，李明生、李振宇 5555(PE)；福建南平溪源大峡谷，严岳鸿、金摄郎、舒江平 JSL5222(CSH)；江西武夷山保护区岑源大源坑，顾钰峰、袁泉 YYH15284(CSH)；浙江泰顺，章绍尧 3791(PE)。

平羽凤尾蕨 *Pteris kiuschiuensis* Hieronymus, Hedwigia. 55: 341. 1914.

产地: 福建南平；江西崇义、宜丰、萍乡。

分布: 福建、江西、重庆、广东、广西、贵州、海南、湖南、四川、云南南部。日本。

凭证标本: 福建南平延平区茫荡山三千八百坎，严岳鸿、金摄郎、舒江平 JSL5207(CSH)；江西崇义县齐云山横河田尾头，严岳鸿、何祖霞 3632(HUST)。

华中凤尾蕨 *Pteris kiuschiuensis* var. *centrochinensis* Ching & S. H. Wu, Acta Bot. Austro Sin. 1: 10. 1983.

产地: 福建武夷山、建阳；江西修水、德兴、玉山、黎川、井冈山、瑞金、龙南。

分布: 福建、江西、重庆、广东、广西（平南、融水、田阳）、贵州（独山、郎岱）、湖南（保靖、东安、会同）、四川（峨眉山）、云南南部。中国特有。

凭证标本: 福建建阳，裴佩熹 2302(PE)；福建武夷山自然保护区桃源峪，周喜乐、金冬梅、王莹 ZXL05542(CSH)；江西瑞金壬田区陈野乡河腊子，胡启明 4348(PE)。

两广凤尾蕨 *Pteris maclurei* Ching, Bull. Dept. Biol. Sun Yatsen Univ. 6. 28. 1933.

产地: 福建建瓯、南平、南靖；江西南部；浙江苍南。

分布: 福建、江西、浙江、广东（乐昌、梅县、英德）、广西（象县、兴德、瑶山）、湖南（江华、江永、通道）。日本南部、越南北部。

凭证标本：福建建瓯市叶墩附近，刘团举 209（PE）；福建南平溪源大峡谷，严岳鸿、金摄郎、舒江平 JSL5215（CSH）；江西上饶市弋阳县龟峰，商辉、顾钰峰 SG279（CSH）。

井栏边草 *Pteris multifida* Poiret in Lamarck, Encycl. 5: 714. 1804.

产地：福建、江西、浙江、安徽、江苏各省广布；山东泰山、徂徕山、崂山、塔山、蒙山、峄山等山区；上海各地。

分布：福建、江西、浙江、安徽、江苏、山东、上海、澳门、重庆、甘肃、广东、广西、贵州、海南、河北（北戴河）、河南、湖北、湖南、陕西（秦岭）、四川、台湾、天津、香港。日本、韩国南部、菲律宾、泰国、越南。

凭证标本：福建南平溪源大峡谷，严岳鸿、金摄郎、舒江平 JSL5227（CSH）；江西庐山方竹庵，谭策铭、易发彬等 05958（JJF）；浙江临安清凉峰镇浙川村，金摄郎、魏宏宇、张娇 JSL5990（CSH）；江苏句容宝华山，金冬梅、魏宏宇、陈彬 CFH09000358（CSH）。

江西凤尾蕨 *Pteris obtusiloba* Ching & S. H. Wu, Acta Bot. Austro Sin. 1: 11. 1983.

产地：江西崇义、分宜；浙江文成。

分布：江西、浙江、湖南（炎陵、永顺）。中国特有。

凭证标本：江西分宜县大冈山年珠焦坑，姚淦 9244（NAS）。

斜羽凤尾蕨 *Pteris oshimensis* Hieronymus, Hedwigia. 55: 367. 1914.

产地：福建南平；江西宜丰、大余、全南；浙江文成、苍南。

分布：福建、江西、浙江、重庆、广东、广西、贵州、湖南、四川。日本、越南北部。

凭证标本：福建南平茫荡镇纹浆村–小楠坪村，严岳鸿、金摄郎、舒江平 JSL5182（CSH）；江西崇义县齐云山自然保护区香炉坝，严岳鸿、周喜乐、王兰英 3936（HUST）。

栗柄凤尾蕨 *Pteris plumbea* Christ, Notul. Syst. (Paris). 1: 49. 1909.

产地：福建南靖、上杭；江西萍乡、崇义；浙江温州、江山、金华、乐清；安徽歙县、祁门、休宁、石台；江苏江宁。

分布：福建、江西、浙江、安徽、江苏、广东、广西、贵州（独山、荔波、万山）、湖南（宜章）、台湾、香港。柬埔寨、印度（阿萨姆邦）、琉球群岛、菲律宾、泰国、越南北部。

凭证标本：福建上杭县苏家坡，梅花山队 008（FJSI）；江西崇义县齐云山保护区，严岳鸿、周喜乐、王兰英 4089（HUST）；浙江金华北山局部石灰岩区，anonymous 14477（PE）；安徽祁门安凌镇大洪岭林场，金摄郎 JSL5525（CSH）。

半边旗 *Pteris semipinnata* Linnaeus, Sp. Pl. 2: 1076. 1753.

产地：福建各地；江西南部安远、寻乌等地；浙江杭州、温州、平阳、苍南、江山；安徽长江以南各地；江苏南京、溧阳；上海金山、松江。

分布：福建、江西、浙江、安徽、江苏、上海、澳门、重庆、广东、广西、贵州（册亨、三都）、海南、河南、湖北、湖南、四川（乐山）、台湾、香港、云南南部。不丹、印度北部、印度尼西亚、琉球群岛、老挝、马来西亚、缅甸、尼泊尔、菲律宾、斯里兰卡、泰国、越南。

凭证标本：福建南平延平区茫荡镇茂地村，严岳鸿、金摄郎、舒江平 JSL5128（CSH）；浙江江山石门镇江郎山，金摄郎、舒江平、赵国华、张锐 JSL3125（CSH）；江苏溧阳市深溪界，刘启新等 085（NAS）。

溪边凤尾蕨 *Pteris terminalis* Wallich ex J. Agardh, Recens. Spec. Pter. 20. 1839.

异名：*Pteris excelsa* Gaudichaud（1829），Voy. Uranie 388. 1829.

产地：福建南靖；江西武宁、庐山、修水、铜鼓、井冈山；浙江文成；安徽石台。

分布：福建（蔡建秀等，2003）、江西、浙江、安徽（韦宏金等，2020）、重庆、甘肃、广东（乐昌、英德）、广西（桂林、临桂、修仁）、贵州（印江、遵义）、湖北（巴东）、湖南（洪江、永顺）、四川、台湾、西藏（错那、察隅）、云南。印度北部、日本（本州、九州岛、四国）、韩国南部、老挝、马来西亚、尼泊尔、巴基斯坦、菲律宾、越南、斐济、夏威夷。

凭证标本：福建南靖县和溪六斗山，叶国栋 2324（PE）；江西武宁，谭策铭 98859（IBSC）；安徽石台县仙寓山风景区，金摄郎、商辉、莫日根高娃、罗俊杰 SG1993（CSH）。

蜈蚣草 *Pteris vittata* Linnaeus, Sp. Pl. 2: 1074. 1753.

产地：福建各地；江西各地；浙江杭州、淳安、建德、开化、金华、龙泉、庆元、乐清、温州、泰顺；安徽黄山、歙县、石台、宁国、铜陵、祁门、休宁；江苏南京、句容、南通。

分布：福建、江西、浙江、安徽、江苏、澳门、重庆、甘肃（康县）、广东、广西、贵州、海南、河南西南部、湖北、湖南、陕西、四川、台湾、西藏、香港、云南。广布于旧世界热带和亚热带。

凭证标本：福建厦门市鼓浪屿笔架山，叶国栋 1969（PE）；江西万载县九龙森林公园，叶华谷、曾飞燕 LXP10-1952（IBSC）；浙江开化古田山保护区（平坑村附近），金摄郎、魏宏宇、张娇 JSL5782（CSH）；安徽休宁齐云山风景区，金摄郎 JSL5407（CSH）。

西南凤尾蕨 *Pteris wallichiana* J. Agardh, Recens. Spec. Pter. 69. 1839.

产地：福建南平、屏南。

分布：福建、重庆、广东、广西、贵州、海南、湖北、湖南、四川、台湾、西藏、云南。不丹、印度、印度尼西亚、日本、克什米尔地区、老挝、马来西亚、尼泊尔、菲律宾、泰国、越南。

凭证标本：福建南平茫荡镇纹浆村 – 小楠坪村，严岳鸿、金摄郎、舒江平 JSL5183（CSH）。

圆头凤尾蕨 *Pteris wallichiana* var. *obtusa* S. H. Wu, Acta Bot. Austro Sin. 1: 15. 1983.

产地：福建三明；江西武功山。

分布：福建、江西、四川（峨眉山）、云南南部。中国特有。

凭证标本：福建三明市沙县罗卜岩自然保护区，林向东 LBY2013110810（PPBC）；江西，江西调查队 8725（LBG）。

——————— 冷蕨科 Cystopteridaceae ———————

亮毛蕨属 *Acystopteris* Nakai

亮毛蕨 *Acystopteris japonica* (Luerssen) Nakai, Bot. Mag. (Tokyo). 47: 180. 1933.

产地：福建福州；江西铅山、井冈山、玉山；浙江杭州、武义、淳安、松阳、庆元、遂昌、舟山；安徽黄山、石台、绩溪。

分布：福建、江西、浙江、安徽、重庆、广西、贵州、湖北、湖南、四川、台湾、云南。日本。

凭证标本：江西武夷山保护区叶家厂大坑，顾钰峰、夏增强 YYH15358（CSH）；浙江临安清凉峰保护区（顺溪坞点），金摄郎、魏宏宇、张娇 JSL5963（CSH）；安徽石台县仙寓山风景区，金摄郎、商辉、莫日根高娃、罗俊杰 JSL5646（CSH）；安徽绩溪清凉峰，邓懋彬 89022（NAS）。

禾秆亮毛蕨 *Acystopteris tenuisecta* (Blume) Tagawa, Acta Phytotax. Geobot. 7(2): 73. 1938.

产地：福建南平。

分布：福建（新记录）、广西、四川、台湾、西藏、云南。斯里兰卡、不丹、印度东北部、印度尼西亚、日本南部、马来西亚、缅甸、尼泊尔、菲律宾、新加坡、泰国、越南、新西兰。

凭证标本：福建南平延平区茫荡山三千八百坎，严岳鸿、金摄郎、舒江平 JSL5162（CSH）。

冷蕨属 *Cystopteris* Bernhardi

冷蕨 *Cystopteris fragilis* (Linnaeus) Bernhardi in Schrader, Neues J. Bot. 1(2): 26. 1805.

产地：安徽霍山、金寨。

分布：安徽、山东、甘肃、河北、青海、陕西、四川、台湾、新疆（常见）、西藏（常见）、云南。阿富汗、印度、尼泊尔、巴基斯坦、非洲、欧洲、北美洲。

凭证标本：安徽金寨县梅山，刘全儒 939076（BNU）。

羽节蕨属 *Gymnocarpium* Newman

东亚羽节蕨 *Gymnocarpium oyamense* (Baker) Ching, Contrib. Biol. Lab. Sci. Soc. China, Bot. Ser. 9: 40. 1933.

产地：江西铅山、修水、铜鼓、井冈山；浙江杭州、安吉；安徽黄山、歙县、金寨、岳西、石台、舒城、绩溪、霍山。

分布: 江西、浙江、安徽、重庆、甘肃、贵州、河南、湖北、湖南、陕西、四川、台湾、西藏、云南。印度东北部、日本、尼泊尔、巴布亚新几内亚、菲律宾。

凭证标本: 江西修水县幕阜山,熊耀国 05948(LBG);江西铅山武夷山保护区桐木关至黄岗山途中,周喜乐、刘子玥、刘以诚、李春香、李中阳 ZXL06649(CSH);浙江临安清凉峰镇十门峡龙门,金摄郎、魏宏宇、张娇 JSL5979(CSH);安徽金寨白马寨林场,姚淦 8866(NAS)。

轴果蕨科 Rhachidosoraceae

轴果蕨属 *Rhachidosorus* Ching

轴果蕨 *Rhachidosorus mesosorus* (Makino) Ching, Acta Phytotax. Sin. 9: 74. 1964.

产地: 江西乐平; 浙江临安; 江苏宜兴、句容。

分布: 江西（梁同军等, 2020）、浙江、江苏、湖北（巴东）、湖南。日本、韩国。

凭证标本: 江西省乐平市众埠镇文山分场水帘洞, 高浦新等 QFG1451（LBG）; 江苏宜兴茗岭, 刘昉勋、王名金、黄志远 2363（HHBG）; 江苏句容宝华山, 金冬梅、魏宏宇、陈彬 CFH09000362（CSH）。

肠蕨科 Diplaziopsidaceae

肠蕨属 *Diplaziopsis* C. Christensen

川黔肠蕨 *Diplaziopsis cavaleriana* (Christ) C. Christensen, Index Filic., Suppl. 1906-1912: 25. 1913.

产地: 福建武夷山; 江西铅山、井冈山; 浙江遂昌。

分布: 福建、江西、浙江、重庆（南川、綦江）、贵州（赤水、梵净山、惠水）、海南、湖北（咸丰）、湖南、四川（大相岭、峨眉山）、台湾、云南。不丹、印度东北部、日本、尼泊尔、越南。

凭证标本: 江西铅山县武夷山保护区篁碧大郎坑，严岳鸿、魏作影、夏增强 YYH15254（CSH）; 浙江遂昌九龙山内九龙，裘佩熹、姚关虎 5982（NAS）。

铁角蕨科 Aspleniaceae

铁角蕨属 *Asplenium* Linnaeus

广布铁角蕨 *Asplenium anogrammoides* Christ, Repert. Spec. Nov. Regni Veg. 5: 11. 1908.

产地：福建安溪、连城；浙江临安、台州；江苏各地。

分布：福建、江西、浙江、安徽、江苏、山东、广东、贵州、河北、湖北、湖南、吉林、辽宁、宁夏、陕西、山西、四川、云南。印度、日本、韩国、越南。

凭证标本：浙江临安天目山狮子口上，贺贤育 24897（HHBG）；浙江台州，葛斌杰、钟鑫、商辉、刘子玥 SG2546（CSH）。

狭翅巢蕨 *Asplenium antrophyoides* Christ, Bull. Acad. Int. Géogr. Bot. 20: 170. 1909.

异名：狭基巢蕨 *Neottopteris antrophyoides*（Christ）Ching, Bull. Fan Mem. Inst. Biol., Bot. 10（1）: 7. 1940.

产地：福建南靖。

分布：福建、广东、广西、贵州、湖南、四川、云南。老挝、泰国、越南。

凭证标本：福建南靖县和溪镇，曾沧江 AU051421（AU）。

华南铁角蕨 *Asplenium austrochinense* Ching, Bull. Fan Mem. Inst. Biol. 2: 209. 1931.

异名：*Asplenium consimile* Ching ex S. H. Wu（1989），Bull. Bot. Res., Harbin 9（2）: 90. 1989; *A. jiulungense* Ching, Bull. Bot. Res., Harbin 2（2）: 73-74, t. 4, f. 1. 1982.

产地：福建福州、永泰、德化、武夷山、屏南、泉州；江西庐山、幕阜山、玉山、宜春、寻乌；浙江杭州、淳安、鄞州、宁海、遂昌、平阳、开化、武义；安徽黄山、休宁、祁门、泾县、东至、绩溪、石台。

分布：福建、江西、浙江、安徽、重庆、广东、广西、贵州、海南、湖北、湖南、四川、台湾、香港、云南。日本、越南。

凭证标本：福建宁德屏南县后樟村，苏享修 CFH09010521（CSH）；江西九江庐山剪刀峡、梁同军 LS20160103（CSH）；浙江开化苏庄镇古田山自然保护区，金摄郎、魏宏宇、张娇 JSL5739（CSH）；安徽绩溪清凉峰自然保护区，金摄郎、魏宏宇、张娇 JSL6124（CSH）。

大盖铁角蕨 *Asplenium bullatum* Wallich ex Mettenius, Abh. Senckenberg. Naturf. Ges. 3: 150. 1859.

产地：福建福州、永泰、闽侯、泰宁。

分布：福建、广西、贵州、湖南、四川、台湾、西藏、云南。不丹、印度北部、缅甸北部、尼泊尔、越南北部。

凭证标本：福建永泰葛岭公社方广岩，武考队 81-0855（IBSC）。

东海铁角蕨 *Asplenium castaneoviride* Baker, Ann. Bot. (Oxford). 5: 304. 1891.

产地：江苏连云港；山东泰山、崂山、艾山、临沭、邹城。

分布：江苏、山东、辽宁。日本、韩国。

凭证标本：江苏赣榆县黑林镇山前村大关山，刘启新等 GY-053（NAS）；山东邹城田黄镇十八盘林场，侯元同、郭成勇、徐连升、侯春丽、段功 12010924（QFNU）。

线裂铁角蕨 *Asplenium coenobiale* Hance, J. Bot. 12: 142. 1874.

异名：乌木铁角蕨 *Asplenium fuscipes* Baker, J. Bot. 17（202）: 304. 1879.

产地：福建厦门、将乐；浙江临安、建德。

分布：福建、浙江、重庆、广东、广西、贵州、海南、湖南、四川、台湾、云南。日本、越南。

凭证标本：福建将乐县玉华洞，陇西山考察队 1504（PE）；浙江建德莲花公社郭村石灰岩山上，洪林 724（HHBG）。

毛轴铁角蕨 *Asplenium crinicaule* Hance, Ann. Sci. Nat., Bot., sér. 5. 5: 254. 1866.

产地：福建南平、南靖、龙岩、漳州、仙游；江西龙南、寻乌。

分布：福建、江西、重庆、广东、广西、贵州、海南、湖南、四川、西藏、香港、云南。印度、马来西亚、缅甸、菲律宾、泰国、越南、澳大利亚。

凭证标本：福建漳州市龙文区云洞岩，曾宪锋 ZXF26130（CZH）；福建南平茫荡山三千八百坎，严岳鸿、金摄郎、舒江平 JSL5200（CSH）；江西龙南县九连山，张宪春、陈拥军等 1837（PE）。

剑叶铁角蕨 *Asplenium ensiforme* Wallich ex Hooker & Greville, Icon. Filic. 1: t. 71. 1828.

产地：江西铅山、庐山、宜春、寻乌、崇义。

分布：江西、广东、广西、贵州、湖南、四川、台湾、西藏、云南。不丹、印度、日本、缅甸、尼泊尔、斯里兰卡、泰国、越南。

凭证标本: 江西宜春明月山乌云崖，岳俊三等 3354（NAS）；江西铅山武夷山保护区叶家厂猪母坑，严岳鸿、魏作影、袁泉 YYH15440（CSH）；江西崇义县齐云山保护区龙背，严岳鸿、何祖霞 3706（HUST）。

厚叶铁角蕨 *Asplenium griffithianum* Hooker, Icon. Pl. 10: t. 928. 1854.

产地: 福建南靖、武夷山、龙岩；江西井冈山、九连山。

分布: 福建、江西（彭光天和胡义海，1998）、广东、广西、贵州、海南、湖南、四川、台湾、西藏、香港、云南。不丹、印度、日本、缅甸、尼泊尔、越南。

凭证标本: 福建龙岩奇迈山，周楠生 500（PE）；江西九连山黄牛石虾火塘，杨志斌、姚淦 2425（NAS）。

江南铁角蕨 *Asplenium holosorum* Christ, Bull. Herb. Boissier. 7: 10. 1899.

异名: *Asplenium loxogrammoides* Christ, Bull. Acad. Int. Geogr. Bot. 20(1): 171. 1909.

产地: 江西庐山、宜春、玉山。

分布: 江西、重庆、广东、广西、贵州、海南、湖北、湖南、四川、台湾、云南。越南、日本。

凭证标本: 江西上饶玉山县，商辉、顾钰峰 SG221（CSH）。

虎尾铁角蕨 *Asplenium incisum* Thunberg, Trans. Linn. Soc. London. 2: 342. 1794.

产地: 福建福州、闽侯、古田、连城、德化、南平、屏南；江西彭泽、庐山、武宁、德兴、奉新、铅山、永新、井冈山、泰和、遂川；浙江山地丘陵；安徽芜湖、皖南山区、大别山区；江苏连云港、南京、仪征、宜兴、溧阳、苏州、无锡；山东中南山区、东部丘陵；上海崇明、金山、松江。

分布: 福建、江西、浙江、安徽、江苏、山东、上海、重庆、甘肃、广东、广西、贵州、河北、河南、黑龙江、湖北、湖南、吉林、辽宁、山西、陕西、四川、台湾、云南。俄罗斯、尼泊尔、印度、缅甸、泰国、越南、菲律宾、日本。

凭证标本: 福建屏南白水洋风景区，顾钰峰、金冬梅、魏宏宇 SG2218（CSH）；江西庐山，董安森 1507（JJF）；浙江临安清凉峰自然保护区（顺溪坞点），金摄郎、魏宏宇、张娇 JSL5938（CSH）；安徽黄山风景区，金摄郎 JSL5320（CSH）。

胎生铁角蕨 *Asplenium indicum* Sledge, Bull. Brit. Mus. (Nat. Hist.), Bot. 3: 264. 1965.

异名: *Asplenium planicaule* Wallich ex Mettenius (1859), Abh. Senckenberg. Naturf. Ges. 6: 157-158. 1859; *A. yoshinagae* var. *indicum* (Sledge) Ching & S. K. Wu, Fl. Xizang. 1: 182. 1983.

产地: 福建武夷山；江西武功山、庐山、井冈山、广昌、龙南；浙江临安、诸暨、武义、龙泉、泰顺、开化、江山、遂昌；安徽祁门。

分布: 福建、江西、浙江、安徽、甘肃、广东、广西、贵州、湖北、湖南、四川、台湾、西藏、云南。不丹、印度、缅甸、尼泊尔、菲律宾、斯里兰卡、泰国、越南。

凭证标本: 福建武夷山自然保护区桃源峪，周喜乐、金冬梅、王莹 ZXL05535（CSH）；江西靖安县石境，张吉华 1210（HUST）；浙江临安清凉峰镇浙川村，金摄郎、魏宏宇、张娇 JSL5982（CSH）。

江苏铁角蕨 *Asplenium kiangsuense* Ching & Y. X. Jing, Fl. Jiangsu. 1: 465. 1977.

异名: *Asplenium gulingense* Ching & S. H. Wu, Bull. Bot. Res., Harbin 9（2）: 84. 1989; *A. hangzhouense* Ching & C. F. Zhang, Bull. Bot. Res., Harbin 3（3）: 38-39. 1983; *A. parviusculum* Ching, Bull. Bot. Res., Harbin 3（3）: 37-38. 1983.

产地: 江西庐山；浙江杭州；江苏苏州、宜兴。

分布: 江西、浙江、江苏、湖南、云南。中国特有。

凭证标本: 江西庐山莲花台，董安森 1929（JJF）；江西庐山剪刀峡，谭策铭、张丽萍、易腊梅 04221（JJF）；浙江杭州，张朝芳 7250（PE）。

巢蕨 *Asplenium nidus* Linnaeus, Sp. Pl. 2: 1079. 1753.

异名: *Neottopteris nidus*（Linnaeus）J. Smith ex Hooker, J. Bot.（Hooker）3: 409. 1841.

产地: 福建厦门。

分布: 福建、澳门、广东、广西、贵州、海南、台湾、西藏、香港、云南。柬埔寨、印度、印度尼西亚、日本、老挝、马来西亚、缅甸、斯里兰卡、越南、澳大利亚的热带地区、波利尼西亚、非洲东部。

凭证标本: 福建厦门万石山，兰艳黎 07010（HUST）。

倒挂铁角蕨 *Asplenium normale* D. Don, Prodr. Fl. Nepal. 7. 1825.

产地: 福建南靖、厦门、连城、龙岩、德化、南平、建瓯、屏南；江西各地；浙江杭州、鄞州、宁海、开化、江山、武义、庆元、龙泉、乐清、平阳、遂昌；安徽黄山、宁国、祁门、石台；江苏南京、常熟、宜兴。

分布: 福建、江西、浙江、安徽、江苏、重庆、广东、广西、贵州、海南、湖北、湖南、辽宁、四川、台湾、西藏、香港、云南。不丹、印度、日本、马来西亚、缅甸、尼泊尔、菲律宾、斯里兰卡、泰国、越南、热带非洲、澳大利亚、太平洋岛屿。

凭证标本: 福建南平市延平区茫荡山三千八百砍砍头，严岳鸿、金摄郎、舒江平 JSL5146（CSH）；江西庐山剪刀峡，谭策铭、田旗等 071146（JJF）；浙江开化县苏庄镇古田村隧道口，金摄郎、魏宏宇、张娇 JSL5796（CSH）；江苏常熟，蓝永珍、金岳杏 75071（NAS）。

东南铁角蕨 *Asplenium oldhamii* Hance, Ann. Sci. Nat., Bot., sér. 5. 5: 256. 1866.

产地: 福建武夷山；江西九江、井冈山、崇义；浙江安吉、临安、淳安、诸暨、开化、武义、遂昌、龙泉、庆元、泰顺；安徽黄山、泾县。

分布: 福建、江西、浙江、安徽、台湾。中国特有。

凭证标本: 福建武夷山桐木乡七星桥，裴佩熹 1704（PE）；江西九江市庐山黄龙庵，董安森 2105（JJF）；浙江遂昌九龙山内阳坑，姚关虎 602（NAS）；安徽黄山，刘学医 985195（HUST）。

北京铁角蕨 *Asplenium pekinense* Hance, J. Bot. 5: 262. 1867.

产地: 福建莆田、闽侯、武夷山、屏南；江西龙南、赣县、九江；浙江丘陵山地；安徽休宁、巢湖、祁门、岳西、舒城、绩溪；江苏南京、镇江、苏州；山东泰山、徂徕山、千佛山、抱犊固；上海金山、松江。

分布: 福建、江西（徐国良，2021）、浙江、安徽、江苏、山东、上海、北京、重庆、甘肃、广东、广西、贵州、河北、河南、湖北、湖南、辽宁、内蒙古、宁夏、山西、陕西、四川、台湾、天津、西藏、云南。印度、日本、韩国、巴基斯坦、俄罗斯（西伯利亚东部）。

凭证标本: 江西九江庐山黄龙寺，关克俭 74368（PE）；浙江乐清雁荡山，章绍尧 5398（PE）；安徽岳西主簿镇枯井园自然保护区，金摄郎 JSL2955（CSH）。

长叶铁角蕨 *Asplenium prolongatum* Hooker, Sp. Fil. 3(pts. 10-12): 209. Nov 1859-Apr 1860. Sec. Cent. Ferns t. 42. 1860.

产地: 福建南靖、龙岩、漳平、永泰、南平、浦城、屏南、泰宁、上杭；江西各地；浙江遂昌、松阳、庆元、缙云、乐清、文成、泰顺、平阳、苍南、江山；安徽石台。

分布: 福建、江西、浙江、安徽、重庆、甘肃、广东、广西、贵州、海南、河南、湖北、湖南、四川、台湾、西藏、香港、云南。印度、日本、韩国南部、马来西亚、缅甸、斯里兰卡、越南、斐济。

凭证标本: 福建泰宁龙安君子峰，李明生 290（PE）；江西铅山县武夷山黄岗山大西坑，熊耀国 06382（PE）；浙江泰顺司前公社里光六角坑小坑，左大勋 23737（NAS）；安徽石台大演乡牯牛降风景区，金摄郎 JSL5601（CSH）。

假大羽铁角蕨 *Asplenium pseudolaserpitiifolium* Ching, Notul. Syst. (Paris). 5: 150. 1936.

产地：福建南靖、龙岩、永安、长乐、宁德、仙游；江西会昌。

分布：福建、江西、广东、广西、海南、湖南、台湾、香港、西藏、云南。印度、印度尼西亚、日本、马来西亚、缅甸、菲律宾、泰国、越南。

凭证标本：福建莆田仙游县，陈彬、金冬梅 CSH12679（CSH）；江西赣州会昌汉仙岩风景区，曾宪锋 ZXF13401（CZH）。

四倍体铁角蕨 *Asplenium quadrivalens* (D. E. Meyer) Landolt, Fl. Indicativa. 268. 2010.

产地：福建、江西、安徽、浙江、江苏。

分布：福建、江西、安徽、浙江、江苏、甘肃、广东、广西、贵州、河南、湖北、湖南、陕西、山西、四川、台湾、新疆、西藏、云南。世界温带、热带高山地区。

凭证标本：由于本种从外形上很难与铁角蕨 *Asplenium trichomanes* 区分，尚未找到四倍体铁角蕨 *Asplenium quadrivalens* 的对应标本。

骨碎补铁角蕨 *Asplenium ritoense* Hayata, Icon. Pl. Formosan. 4: 226. 1914.

异名：*Asplenium davallioides* Hooker（1857），Hooker's J. Bot. Kew Gard. Misc. 9: 343. 1857.

产地：福建泰宁、屏南；江西庐山、崇义、龙南；浙江诸暨、乐清、遂昌。

分布：福建、江西、浙江、贵州、广东、海南、湖南、台湾、云南。日本、韩国。

凭证标本：福建三明泰宁县猫儿山，商辉、顾钰峰 SG137（CVH）；福建屏南鸳鸯溪风景区，顾钰峰、金冬梅、魏宏宇 SG2335、SG2368（CSH）；江西崇义县阳岭自然保护区，黄向旭、陈有卿、李素英 10761（PE）。

过山蕨 *Asplenium ruprechtii* Sa. Kurata in Namegata & Kurata, Enum. Jap. Pterid. 338. 1961.

产地：江西庐山、井冈山；安徽黄山、金寨、六安；江苏连云港、南京；山东山区丘陵。

分布：江西、安徽、江苏、山东、北京、广东、贵州、河北、河南、黑龙江、湖北、吉林、辽宁、内蒙古、宁夏、山西、陕西、四川、天津。日本、韩国、俄罗斯。

凭证标本：安徽黄山风景区，周喜乐、严岳鸿、商辉、王莹 ZXL05367（CSH）；江苏连云港，刘昉勋等 10925（PE）；山东泰安徂徕山，商辉、汪浩 SG2159（CSH）；山东邹城峄山镇峄山风景区小福山，侯元同、徐连升、侯春丽 12010706（QFNU）。

华中铁角蕨 *Asplenium sarelii* Hooker in Blakiston, Five Months Yang-Tsze. App. VI: 363. 1862.

产地: 福建武夷山、屏南;江西庐山、宜丰、安远;浙江杭州、淳安、桐庐、宁海、开化、江山、金华、天台、遂昌、庆元、武义、乐清;安徽黄山、歙县、祁门、岳西、石台、九华山、休宁、宁国、铜陵、马鞍山、巢湖;江苏南京、句容、宜兴、苏州、常熟;山东泰山、千佛山;上海崇明、嘉定、金山、松江。

分布: 福建、江西、浙江、安徽、江苏、山东、上海、北京、重庆、甘肃、广西、贵州、河北、河南、黑龙江、湖北、湖南、吉林、辽宁、内蒙古、山西、陕西、四川、云南。中国特有。

凭证标本: 福建屏南鸳鸯溪风景区,顾钰峰、金冬梅、魏宏宇 SG2376(CSH);江西九江庐山伴耳峰,董安森 730(HUST);浙江乐清雁荡山白云庵对面山上,张朝芳、王若谷 7559(PE);江苏宜兴林场老鹰岕,刘启新等 LYK-046(NAS);安徽黄山风景区,金摄郎 JSL5258(CSH)。

黑边铁角蕨 *Asplenium speluncae* Christ, Bull. Acad. Int. Géogr. Bot. 13: 113. 1904.

产地: 江西庐山、井冈山。

分布: 江西、广东、广西、贵州、湖南。中国特有。

凭证标本: 江西庐山碧龙潭河谷,易刚中 87029(JXU);江西井冈山游击洞,彭光天 946102(井冈山大学)。

钝齿铁角蕨 *Asplenium tenuicaule* var. *subvarians* (Ching) Viane, Pterid. New Millennium. 100. 2003.

异名: *Asplenium subvarians* Ching in C. Christensen, Index Filic., Suppl. 3: 38. 1934.

产地: 江西武功山;浙江临安、遂昌;安徽黄山、舒城、金寨;山东泰山、蒙山、徂徕山、抱犊固。

分布: 江西、浙江、安徽(韦宏金等,2019)、江苏、山东、北京、重庆、甘肃、贵州、河北、黑龙江、河南、湖南、吉林、辽宁、内蒙古、青海、陕西、山西、四川、西藏、云南。不丹、印度、日本、韩国、尼泊尔、巴基斯坦、菲律宾、俄罗斯(西伯利亚南部)。

凭证标本: 浙江临安天目山,朱和卿 000262(PE);安徽金寨天堂寨吴家畈 - 石落子,金摄郎 JSL3361(CSH);山东泰安市,李法曾(00912424)(PE)。

细茎铁角蕨 *Asplenium tenuicaule* Hayata, Icon. Pl. Formosan. 4: 228. 1914.

异名: 华北铁角蕨 *Asplenium borealichinense* Ching & S. H. Wu, Acta Phytotax. Sin.

23（1）: 9, t. 3: 4. 1985; 河北铁角蕨 *A. hebeiense* Ching & S. H. Wu, Acta Phytotax. Sin. 23（1）: 9. 1985.

产地: 浙江临安；安徽黄山、金寨、舒城；江苏各地；山东邹城。

分布: 江西、浙江、安徽、江苏、山东、北京、重庆、甘肃、贵州、河北、黑龙江、河南、湖南、吉林、辽宁、内蒙古、青海、陕西、山西、四川、台湾、西藏、云南。夏威夷、不丹、印度、日本、韩国、尼泊尔、巴基斯坦、菲律宾、俄罗斯（西伯利亚南部）、泰国、非洲东部。

凭证标本: 浙江临安西天目山，金摄郎、张锐、刘莉 JSL4272（CSH）；安徽金寨天堂山，张宪春 3743（PE）。

铁角蕨 *Asplenium trichomanes* Linnaeus, Sp. Pl. 2: 1080. 1753.

产地: 福建上杭、福州、邵武、武夷山、屏南；江西各地；浙江杭州、安吉、淳安、建德、桐庐、宁海、开化、江山、金华、东阳、磐安、遂昌、龙泉、庆元、缙云；安徽皖南山区、大别山区；江苏南京、仪征、句容、金坛、宜兴。

分布: 福建、江西、浙江、安徽、江苏、甘肃、广东、广西、贵州、河北、河南、湖北、湖南、吉林、陕西、山西、四川、台湾、新疆、西藏、云南。广布于世界温带地区以及热带高山地区。

凭证标本: 福建武夷山保护区桐木村，周喜乐、商辉 ZXL05008（CSH）；江西九江沙河镇庐山通远保护站，严岳鸿、周劲松 3211（HUST）；浙江临安西天目山，金摄郎、张锐、刘莉 JSL4276（CSH）；安徽黟县宏潭乡三府尖山，刘淼等 A130033（KUN）。

三翅铁角蕨 *Asplenium tripteropus* Nakai, Bot. Mag. (Tokyo). 44: 9. 1930.

产地: 福建武夷山、屏南；江西庐山、武功山、井冈山、南丰、崇义；浙江临安、安吉、桐庐、诸暨、开化、遂昌、庆元；安徽祁门、绩溪；江苏宜兴。

分布: 福建、江西、浙江、安徽、江苏、重庆、甘肃、广东、贵州、河南、湖北、湖南、山西、陕西、四川、台湾、云南。日本、韩国、缅甸。

凭证标本: 福建屏南鸳鸯溪风景区，顾钰峰、金冬梅、魏宏宇 SG2339（CSH）；江西九江庐山伴耳峰，董安森 677（HUST）；浙江遂昌九龙山自然保护区罗汉源点，金摄郎、钟鑫、沈彬 JSL3497（CSH）；安徽祁门安凌镇大洪岭林场，金摄郎 JSL5527（CSH）。

变异铁角蕨 *Asplenium varians* Wallich ex Hooker & Greville, Icon. Filic. 2: t. 172. 1830.

产地: 江西庐山；浙江杭州；安徽金寨；山东泰山、蒙山、抱犊固、邹城。

分布: 江西、浙江、安徽、山东、重庆、广东、广西、贵州、河南、湖北、湖南、陕西、四川、西藏、云南。不丹、印度、尼泊尔、越南、非洲南部。

凭证标本: 江西庐山牯岭，谭策铭、梁同军 12567A(JJF)；浙江临安天目山老殿后，普查队 31210(HHBG)；安徽金寨虎心地，中国科学院南京植物研究所 87746(PE)；山东烟台昆嵛山，刘全儒等 977241(BNU)。

闽浙铁角蕨 *Asplenium wilfordii* Mettenius ex Kuhn, Linnaea. 26: 94. 1869.

异名: *Asplenium fengyangshanense* Ching & C. F. Zhang, Bull. Bot. Res., Harbin 3(3): 36-37, f. 26. 1983.

产地: 福建福州、武夷山、泰宁；江西庐山；浙江淳安、鄞州、武义、遂昌、松阳、龙泉、乐清、苍南、江山。

分布: 福建、江西、浙江、台湾。日本、韩国。

凭证标本: 福建泰宁县大布，李明生 S029(PE)；江西九江庐山乌龙潭，裴佩熹 2919(PE)；浙江龙泉昴山至锦里途中，单人骅 5574(NAS)；浙江江山石门镇江郎山，金摄郎、舒江平、赵国华、张锐 JSL3121、JSL3126(CSH)。

狭翅铁角蕨 *Asplenium wrightii* Eaton ex Hooker, Sp. Fil. 3: 113. 1860.

异名: *Asplenium fujianense* Ching ex S. H. Wu (1989), Bull. Bot. Res., Harbin 9(2): 88. 1989; 华东铁角蕨 *A. serratissimum* Ching ex S. H. Wu, Bull. Bot. Res., Harbin 9(2): 87. 1989.

产地: 福建南靖、永安、南平、屏南、龙岩；江西各地；浙江鄞州、开化、遂昌、龙泉、庆元、泰顺、文成、武义；安徽黄山、休宁、池州、祁门、石台；江苏宜兴。

分布: 福建、江西、浙江、安徽、江苏、重庆、广东、广西、贵州、海南、湖北、湖南、四川、台湾、香港、云南。日本、韩国、越南。

凭证标本: 福建龙岩新罗区小池镇云顶茶园，曾宪锋 ZXF31435(CZH)；江西武夷山保护区篁碧大郎坑，严岳鸿、魏作影、夏增强 YYH15367(CSH)；浙江龙泉昴山至锦里途中，单人骅等 5578(PE)；安徽祁门安凌镇五里拐村大洪岭古道，金摄郎 JSL5552(CSH)。

棕鳞铁角蕨 *Asplenium yoshinagae* Makino, Phan. Pter. Jap. Icon. t. 64. 1900.

异名: *Asplenium indicum* Sledge var. *yoshinagac* (Makino) Ching & Wu, Fl. Reipubl. Popularis Sin. 4(2): 63. 1999; *A. planicaule* E. J. Lowe var. *yoshinagae* (Makino) Tagawa, Acta Phytotax. Geobot. 14: 95. 1931.

产地: 福建龙岩、上杭、泰宁、武夷山；江西铅山、宜春、安福、井冈山、广昌；浙江临安、淳安、安吉、建德、开化、武义、遂昌、松阳、龙泉、庆元。

分布：福建、江西、浙江、广东、广西、贵州、湖北、湖南、四川、台湾、西藏、云南。尼泊尔、印度、缅甸、泰国、越南、菲律宾、日本。

凭证标本：江西铅山武夷山保护区叶家厂余家源，陈凤彬、曾志惠、曾利剑 陈17618-1（JJF）；江西武功山紫极宫，江西调查队 1174（PE）；浙江安吉龙王山自然保护区，金冬梅、罗俊杰、魏宏宇 Fern09847（CSH）。

膜叶铁角蕨属 *Hymenasplenium* Hayata

齿果膜叶铁角蕨 *Hymenasplenium cheilosorum* (Kunze ex Mettenius) Tagawa, Acta Phytotax. Geobot. 7: 84. 1938.

异名：*Asplenium cheilosorum* Kunze ex Mettenius, Abh. Senckenberg. Naturf. Ges. 3: 177. 1859.

产地：福建福州、南平、上杭；江西会昌；浙江乐清。

分布：福建、江西（曾宪锋等，2014）、浙江、广东、广西、贵州、海南、湖南、台湾、西藏、香港、云南。不丹、印度、印度尼西亚、日本、马来西亚、缅甸、尼泊尔、菲律宾、斯里兰卡、泰国、越南。

凭证标本：福建福州永泰县桫椤谷–青云山–莆田附近，田旗、葛斌杰、王正伟 TQ02512（CSH）；福建南平三千八百坎，何国生 1386（PE）；江西赣州会昌县筠门岭镇营坊村汉仙岩，曾宪锋 13402（CZH）；浙江乐清雁荡山铁城障，邢公侠、张朝芳、林尤兴 232（PE）。

绿杆膜叶铁角蕨 *Hymenasplenium obscurum* (Blume) Tagawa

异名：*Asplenium obscurum* Blume, Enum. Pl. Javae 2: 181. 1828.

产地：福建南靖、同安。

分布：福建、广东、广西、贵州、海南、台湾、香港、云南。印度、印度尼西亚、缅甸、尼泊尔、斯里兰卡、泰国、越南、非洲。

凭证标本：福建厦门市同安区莲花乡内田村，陈恒彬 2822（FJSI）。

中华膜叶铁角蕨 *Hymenasplenium sinense* K. W. Xu, Li Bing Zhang & W. B. Liao, Phytotaxa 358: 17. 2018.

产地：江西幕阜山、武功山、井冈山。

分布：江西、广东、广西、贵州、湖南、四川、台湾、云南。印度、印度尼西亚、日本、尼泊尔、越南。

凭证标本：江西幕阜山峰尖下狮洞，熊耀国 05951（LBG）；江西井冈山荆竹山，赖书绅、杨如菊、黄大付 4281（IBK）。

培善膜叶铁角蕨 *Hymenasplenium wangpeishanii* Li Bing Zhang & K. W. Xu, Phytotaxa 358: 22. 2018.

产地： 福建屏南；江西遂川；浙江遂昌；安徽石台。

分布： 福建、江西、浙江、安徽、贵州、四川。中国特有。

凭证标本： 福建屏南鸳鸯溪风景区，顾钰峰、金冬梅、魏宏宇 SG2351（CSH）；江西遂川大汾区代圣双山，岳俊三等 4605（NAS）；浙江遂昌九龙山自然保护区罗汉源点，金摄郎、钟鑫、沈彬 JSL3533（CSH）；安徽石台大演乡牯牛降风景区，金摄郎 JSL5609（CSH）。

——————— 金星蕨科 Thelypteridaceae ———————

星毛蕨属 *Ampelopteris* Kunze

星毛蕨 *Ampelopteris prolifera* (Retzius) Copeland, Gen. Fil. 144. 1947.

产地: 福建南靖; 江西修水、崇义。

分布: 福建、江西、澳门、重庆、广东、广西、贵州、海南、湖南、四川、台湾、香港、云南。世界热带和亚热带地区（美洲除外）。

凭证标本: 福建 Lieng Feng Hsiang，H. Migo（NAS00151317, NAS）; 江西修水县山口区征村，江西修水县植物调查队 8110519(PE)；江西崇义县密溪，程景福 61007(JXU)。

钩毛蕨属 *Cyclogramma* Tagawa

狭基钩毛蕨 *Cyclogramma leveillei* (Christ) Ching, Acta Phytotax. Sin. 8: 317. 1963.

产地: 福建德化、武夷山、将乐; 江西井冈山、吉安、芦溪; 浙江庆元、文成、泰顺。

分布: 福建、江西、浙江、重庆、广东、广西、贵州、湖南、四川、台湾、云南。日本。

凭证标本: 福建建阳李家坡半坑，裴佩熹 2289(PE)；福建将乐县陇西山黑山，陇西山考察队 0956(PE)；江西萍乡芦溪县武功山、吴磊、祁世鑫 1357(HUST)。

毛蕨属 *Cyclosorus* Link

渐尖毛蕨 *Cyclosorus acuminatus* (Houttuyn) Nakai, Misc. Pap. Japan. Pl. 15. 1935.

异名: 假渐尖毛蕨 *Cyclosorus subacuminatus* Ching ex K. H. Shing & J. F. Cheng, Jiangxi Sci. 8(3): 45. 1990.

产地: 福建、江西、浙江各省广布; 安徽黄山、歙县、青阳、潜山、祁门、休宁、金寨、石台，太平、池州、铜陵、马鞍山; 江苏南京、句容、宜兴、苏州; 山东塔山; 上海宝山、崇明、奉贤、嘉定、金山、青浦、松江。

分布: 福建、江西、浙江、安徽、江苏、山东、上海、澳门、重庆、甘肃南部、广东、广西、贵州、海南、河南、湖北、湖南、陕西南部、四川、台湾、香港、云南。日本、韩国、菲律宾。

凭证标本： 福建宁化石壁村东华山，阴长发 024（HUST）；江西武夷山保护区岑源擂鼓岭，严岳鸿、魏作影、夏增强 YYH15196（CSH）；浙江乐清雁荡山真际寺，邢公侠、张朝芳、林尤兴 220（PE）；安徽黄山焦村镇汤加村，金摄郎 JSL5347（CSH）；江苏句容宝华山，金冬梅、魏宏宇、陈彬 CFH09000377（CSH）。

鼓岭渐尖毛蕨 *Cyclosorus acuminatus* var. *kuliangensis* Ching, Bull. Fan Mem. Inst. Biol., Bot. 8: 192. 1938.

异名： *Cyclosorus kuliangensis*（Ching）K. H. Shing, Fl. Jiangxi 1: 207, f. 198. 1993.

产地： 福建福州、武夷山；江西庐山、吉安；浙江各地；安徽潜山、绩溪、岳西。

分布： 福建、江西、浙江、安徽、广东、广西、湖南、云南。中国特有。

凭证标本： 福建武夷山自然保护区三港至红渡，王希蕖等 82255（NAS）；江西庐山五乳寺，熊耀国 04883（LBG）。

干旱毛蕨 *Cyclosorus aridus*（Don）Tagawa, Bull. Fan Mem. Inst. Biol., Bot. 8: 194. 1938.

异名： *Cyclosorus acutissimus* Ching ex K. H. Shing & J. F. Cheng, Jiangxi Sci. 8（3）: 45. 1990.

产地： 福建德化、永安、建阳、武夷山、泰宁；江西庐山、德兴、宜丰、宜黄、井冈山、遂川、瑞金、安远、寻乌、龙南、芦溪；浙江杭州、庆元、泰顺、平阳、苍南；安徽休宁。

分布： 福建、江西、浙江、安徽、重庆、广东、广西、贵州、海南、湖南、四川、台湾、西藏东南部、香港、云南。不丹、印度、印度尼西亚、克什米尔地区、马来西亚、尼泊尔、菲律宾、越南、澳大利亚、太平洋岛屿。

凭证标本： 福建泰宁县梅口公社拥坑，李明生 1186（PE）；江西芦溪县，吴磊、祁世鑫 1212（HUST）；浙江苍南县莒溪黄土岭，张朝芳、王若谷 7372（PE）。

齿牙毛蕨 *Cyclosorus dentatus*（Forsskål）Ching, Bull. Fan Mem. Inst. Biol., Bot. 8: 206. 1938.

异名： *Cyclosorus angustus* Ching（1982）, Fl. Fujianica. 1: 598, 155. 1982; *C. jiulungshanensis* P. S. Chiu & G. Yao ex Ching, Bull. Bot. Res., Harbin 2（2）: 70. 1982; *C. proximus* Ching, Acta Phytotax. Sin. 9（4）: 363. 1964.

产地： 福建泰宁、南平、屏南、厦门、漳州、德化、东山、沙县；江西崇义、南丰、赣县、大余、吉安；浙江庆元、永嘉、温州、泰顺、遂昌、平阳、苍南、开化；安徽休宁。

分布： 福建、江西、浙江、安徽（韦宏金等，2017）、澳门、重庆、广东、广西、贵州、海南、湖南、四川、台湾、香港、西藏东南部、云南。非洲北部、美洲热带、亚洲热带和亚热带地区。

凭证标本：福建泰宁龙安公社水尾，李明生 368(PE)；江西省芦溪县，吴磊、祁世鑫 1292(PE)；浙江开化齐溪镇里秧田村，金摄郎、魏宏宇、张娇 JSL5903(CSH)；安徽休宁齐云山镇齐云山风景区，金摄郎 JSL5415(CSH)。

福建毛蕨 *Cyclosorus fukienensis* Ching, Bull. Fan Mem. Inst. Biol., Bot. 8: 209. 1938.

异名：*Cyclosorus fraxinifolius* Ching & K. H. Shing, Fl. Fujianica 1: 599. 1982; *C. dehuaensis* Ching & K. H. Shing, Fl. Fujianica. 1: 599, 163, f. 152. 1982; *C. nanlingensis* Ching ex K. H. Shing & J. F. Cheng, Jiangxi Sci. 8(3): 46. 1990.

产地：福建南平、南靖、德化；江西寻乌；浙江乐清、泰顺。

分布：福建、江西南部、浙江南部、广东北部、湖南南部。中国特有。

凭证标本：福建上杭步云乡云辉村邱山，陈恒彬 1427(FJSI)；福建南平溪源大峡谷，严岳鸿、金摄郎、舒江平 JSL5226(CSH)；江西寻乌上坪分场，程景福 40138(JXU)。

毛蕨 *Cyclosorus interruptus* (Willdenow) H. Itô, Bot. Mag. (Tokyo). 51: 714. 1937.

异名：*Cyclosorus gongylodes* (Schkuhr) Link, Hort. Berol. 2: 128. 1833.

产地：福建厦门、诏安、平潭；江西庐山、武宁。

分布：福建、江西、澳门、广东、广西、海南、湖南、台湾、香港、云南南部。广布于世界热带和亚热带地区。

凭证标本：福建漳州诏安县深桥镇南山，曾宪锋 ZXF34631(CZH)；江西武宁县杨洲乡霞庄村，张吉华 2612(JJF)。

闽台毛蕨 *Cyclosorus jaculosus* (Christ) H. Itô, Bot. Mag. (Tokyo). 51: 725. 1937.

异名：*Cyclosorus aureoglandulifer* Ching ex K. H. Shing, Fl. Reipubl. Popularis Sin. 4(1): 345. 1999.

产地：福建福州、福清、永泰、南平；江西井冈山；浙江乐清、文成。

分布：福建、江西南部、浙江南部、广东、广西、贵州、湖南、台湾、云南。不丹、印度、日本、尼泊尔、越南。

凭证标本：江西井冈山市湘洲，李中阳、卫然 JGS072(PE)；浙江乐清雁荡山铁城障，张朝芳、王若谷 7606(PE)。

宽羽毛蕨 *Cyclosorus latipinnus* (Bentham) Tardieu, Notul. Syst. (Paris). 7: 73. 1938.

异名： *Cyclosorus nanpingensis* Ching, Fl. Fujianica 1: 597, 154. F. 140. 1982; *C. decipiens* Ching, Fl. Fujianica 1: 599, 159 f. 147 1982; *C. paralatipinnus* Ching ex K. H. Shing, Fl. Reipubl. Popularis Sin. 4(1): 253. 1999.

产地： 福建诏安、厦门、南靖、龙岩、福州、南平、平和；江西寻乌；浙江苍南、庆元。

分布： 福建、江西（梁同军等，2020）、浙江、澳门、广东、广西、贵州、海南、湖南、台湾北部和南部、香港、云南南部。印度、印度尼西亚、马来西亚、缅甸、菲律宾、斯里兰卡、泰国、越南、澳大利亚、波利尼西亚。

凭证标本： 福建平和县九峰镇，何国生 2732(FJSI)；江西省赣州市寻乌县三标乡，桂忠明等 QFG171(LBG)；浙江苍南莒溪，张朝芳 9204(PE)。

华南毛蕨 *Cyclosorus parasiticus* (Linnaeus) Farwell, Amer. Midl. Naturalist. 12: 259. 1931.

异名： *Cyclosorus rupicola* Ching & K. H. Shing, Fl. Fujianica. 1: 598, 154. F. 141. 1982; *C. excelsior* Ching & K. H. Shing, Fl. Fujianica. 1: 598, 156, f. 144. 1982; *C. yandongensis* Ching & K. H. Shing, Bull. Bot. Res., Harbin 3(3): 7. 1983; *C. hainanensis* Ching, Acta Phytotax. Sin. 9(4): 362. 1964; *C. xunwuensis* Ching ex K. H. Shing & J. F. Cheng, Jiangxi Sci. 8(3): 44. 1990.

产地： 福建各地；江西井冈山、寻乌、定南、铅山；浙江乐清、温州、洞头、瑞安、文成、泰顺、平阳、苍南、遂昌、江山；安徽休宁。

分布： 福建、江西、浙江、安徽（韦宏金等，2019）、澳门、重庆、甘肃、广东、广西、贵州、海南、湖南、四川、台湾、香港、云南。印度北部、印度尼西亚、日本、韩国、老挝、缅甸、尼泊尔、菲律宾、斯里兰卡、泰国、越南。

凭证标本： 福建厦门市万石山，兰艳黎 07028(HUST)；江西寻乌县上坪分场，程景福 40193(PE)；安徽休宁县齐云山镇齐云山风景区，金摄郎 JSL5447(CSH)。

小叶毛蕨 *Cyclosorus parvifolius* Ching, Fl. Fujian. 1: 598. 1982.

产地： 福建厦门、龙溪、古田；浙江洞头、泰顺。

分布： 福建、浙江、海南。中国特有。

凭证标本： 福建厦门市，周楠生 73(PE)；福建古田县富达村，兰艳黎 07145(HUST)。

矮毛蕨 *Cyclosorus pygmaeus* Ching & C. F. Zhang, Bull. Bot. Res., Harbin. 3(3): 5. 1983.

异名：*Cyclosorus chengii* Ching ex K. H. Shing & J. F. Cheng, Jiangxi Sci. 8(3): 44. 1990.

产地：江西定南；浙江乐清。

分布：江西、浙江、重庆。中国特有。

凭证标本：江西定南县张坑，程景福 63136（PE）；浙江乐清雁荡山蓼花障下，邢公侠、张朝芳、林尤兴 176（PE）。

短尖毛蕨 *Cyclosorus subacutus* Ching, Fl. Fujian. 1: 598. 1982.

产地：福建东山、福州、沙县、德化；江西庐山；浙江安吉、杭州、舟山、金华、遂昌、龙泉、庆元、乐清、泰顺、平阳、苍南、温岭。

分布：福建、江西、浙江、广东、广西、台湾。中国特有。

凭证标本：江西寻乌上坪分场，程景福 40193（PE）；江西九江市庐山星子章恕桥流行墩，熊耀国 09981（PE）。

台湾毛蕨 *Cyclosorus taiwanensis* (C. Christensen) H. Itô, Bot. Mag. (Tokyo). 51. 728. 1937.

产地：福建南靖、永安；江西全南、安远、寻乌、龙南。

分布：福建、江西、广东、广西、台湾。日本南部。

凭证标本：福建南靖和溪，裘佩熹 2821（PE）；江西寻乌县上坪分场三蕉窝，程景福 40175（PE）。

截裂毛蕨 *Cyclosorus truncatus* (Poiret) Farwell, Amer. Midl. Naturalist. 12: 259. 1931.

产地：福建南靖、永泰。

分布：福建南部、广东、广西、贵州南部、海南、湖南南部、台湾、西藏东南部、云南南部。印度、印度尼西亚、日本、老挝、马来西亚、缅甸、菲律宾、斯里兰卡、泰国、越南、澳大利亚北部、波利尼西亚。

凭证标本：福建南靖县南坑石门，anonymous 615 上、615 下（PE）；福建 00822609（PE）。

圣蕨属 *Dictyocline* Moore

圣蕨 *Dictyocline griffithii* T. Moore, Index Fil. 59. 1857.

产地：福建南靖、上杭、屏南、平潭；江西遂川、井冈山、崇义。

分布: 福建、江西、浙江、重庆、广西、贵州、海南、四川、台湾、云南。印度北部、日本、缅甸、越南。

凭证标本: 福建南靖县和溪六斗山，叶国栋 1682(PE)；江西崇义齐云山保护站 – 龙背，严岳鸿、何祖霞 3770(PE)。

闽浙圣蕨 *Dictyocline mingchegensis* Ching, Acta Phytotax. Sin. 8: 334. 1963.

产地: 福建德化、武夷山；江西寻乌、资溪；浙江龙泉、庆元、文成、泰顺、平阳、遂昌。

分布: 福建、江西、浙江、广东。中国特有。

凭证标本: 福建武夷山自然保护区三港，周喜乐、金冬梅、王莹 ZXL05569(CSH)；江西资溪县马头山齐良坑，陈拥军、吴可生 323(PE)；浙江文成县，X. C. Zhang 3580(PE)；浙江遂昌九龙山自然保护区罗汉源点，金摄郎、钟鑫、沈彬 JSL3408(CSH)。

戟叶圣蕨 *Dictyocline sagittifolia* Ching, Acta Phytotax. Sin. 8: 335. 1963.

产地: 江西铅山、安福、遂川、井冈山、龙南、崇义。

分布: 江西、广东、广西、湖南。中国特有。

凭证标本: 江西安福武功山文家青草垅，岳俊三等 3182(NAS)；江西龙南县井冈山黄牛石，张宪春、陈拥军等 1868(PE)。

羽裂圣蕨 *Dictyocline wilfordii* (Hooker) J. Smith, Hist. Fil. 149. 1875.

产地: 福建福州、南平、德化、上杭、南靖、屏南；江西宁都、石城、安远、宜丰、龙南；浙江鄞州、庆元、苍南。

分布: 福建、江西、浙江、重庆、广东、广西、贵州、湖南、四川、台湾、香港、云南。日本、越南。

凭证标本: 福建南平茫荡镇茂地村，严岳鸿、金摄郎、舒江平 JSL5125(CSH)；福建屏南鸳鸯溪风景区，顾钰峰、金冬梅、魏宏宇 SG2356(CSH)；江西宜丰县官山国家级自然保护区，叶华谷、曾飞燕 LXP10-2907(IBSC)；江西龙南县九连山黄牛石，张宪春、陈拥军等 1867(PE)。

方秆蕨属 *Glaphyropteridopsis* Ching

粉红方杆蕨 *Glaphyropteridopsis rufostraminea* (Christ) Ching, Acta Phytotax. Sin. 8: 321. 1963.

产地: 安徽石台。

分布: 安徽（韦宏金等，2019）、重庆、贵州、湖北、湖南、四川、云南。中国特有。

凭证标本: 安徽石台县大演乡牯牛降风景区,金摄郎 JSL5605(CSH)。

茯蕨属 *Leptogramma* J. Smith.

峨眉茯蕨 *Leptogramma scallanii* (Christ) Ching, Sinensia. 7: 101. 1936.

产地: 福建德化、武夷山;江西铅山、庐山、武宁、萍乡、贵溪;浙江临安、诸暨、鄞州、遂昌、龙泉、庆元、缙云、泰顺、开化。

分布: 福建、江西、浙江、重庆、甘肃、广东、广西、贵州、河南、湖北、湖南、四川、云南。越南北部。

凭证标本: 江西武夷山保护区岑源大源坑,顾钰峰、袁泉 YYH15302(CSH);江西庐山黑洼,谭策铭、董安森 081491(JJF)。

小叶茯蕨 *Leptogramma tottoides* H. Itô, Bot. Mag. (Tokyo). 49: 434. 1935.

产地: 福建上杭、德化、武夷山、屏南;江西铅山、武功山;浙江遂昌、松阳、龙泉、庆元、乐清、文成。

分布: 福建、江西、浙江、重庆、贵州、湖南、台湾。中国特有。

凭证标本: 福建屏南屏城乡南峭村周围,顾钰峰、金冬梅、魏宏宇 SG2244(CSH);江西武夷山保护区篁碧大郎坑,严岳鸿、魏作影、夏增强 YYH15248(CSH);浙江文成县,X. C. Zhang 3578(PE)。

针毛蕨属 *Macrothelypteris* (H. Itô) Ching

针毛蕨 *Macrothelypteris oligophlebia* (Baker) Ching, Acta Phytotax. Sin. 8: 308. 1936.

产地: 福建武夷山;江西铅山、庐山、武宁、新建、贵溪、宜黄、石城、寻乌;浙江杭州、安吉、遂昌、武义、江山、开化;安徽黄山、潜山、祁门、金寨、休宁、岳西、石台;江苏南京、镇江、宜兴。

分布: 福建、江西、浙江、安徽、江苏、广东、广西北部、贵州、河北、河南、湖北、湖南、台湾。日本、韩国南部。

凭证标本: 福建武夷山自然保护区挂墩,周喜乐、金冬梅、王莹 ZXL05519(CSH);浙江安吉龙王山自然保护区,金冬梅、罗俊杰、魏宏宇 Fern09819(CSH);安徽休宁齐云山风景区,金摄郎 JSL5423(CSH)。

雅致针毛蕨 *Macrothelypteris oligophlebia* var. *elegans* (Koizumi) Ching, Acta Phytotax. Sin. 8: 309. 1963.

产地: 福建建阳、武夷山;江西庐山、遂川;浙江山地丘陵;安徽祁门、歙县、休宁、石台。

分布: 福建、江西、浙江、安徽、江苏、重庆、甘肃、广东、广西、贵州、河南、湖北、湖南、陕西、台湾。日本、韩国南部。

凭证标本: 福建南平市巨口，南 II 84629(FJFC)；江西庐山狮子口，熊耀国 09673(PE)；浙江临安西天目山，金摄郎、张锐、刘莉 JSL4251、JSL4288(CSH)；安徽石台大演乡牯牛降风景区，金摄郎 JSL5680(CSH)。

普通针毛蕨 *Macrothelypteris torresiana* (Gaudichaud) Ching, Acta Phytotax. Sin. 8: 310. 1963.

产地: 福建南部沿海、德化；江西庐山、井冈山、崇义、安远；浙江杭州、象山、舟山、庆元、温州、平阳、苍南、遂昌；安徽黟县、休宁；江苏宜兴、苏州。

分布: 福建、江西、浙江、安徽、江苏、澳门、重庆、广东、广西、贵州、海南、河南、湖北、湖南、四川、台湾、香港、西藏、云南。不丹、印度、印度尼西亚、日本、缅甸、尼泊尔、菲律宾、越南、美洲热带和亚热带地区、澳大利亚、太平洋岛屿。

凭证标本: 福建南平溪源大峡谷，严岳鸿、金摄郎、舒江平 JSL5230(CSH)；江西庐山黑洼，谭策铭、董安森 081456(JJF)；江苏宜兴竹海省庄，刘启新等 109(NAS)。

翠绿针毛蕨 *Macrothelypteris viridifrons* (Tagawa) Ching, Acta Phytotax. Sin. 8: 310. 1963.

产地: 福建武夷山、古田；江西铅山、庐山、井冈山；浙江杭州、诸暨、鄞州、宁海、金华、遂昌、乐清、温州、洞头、江山、开化；安徽黄山、祁门、休宁、金寨、岳西、石台；江苏句容、宜兴。

分布: 福建、江西、浙江、安徽、江苏、贵州（纳雍）、湖南。日本、韩国南部。

凭证标本: 福建古田县招坑村，兰艳黎 07169(HUST)；江西武夷山保护区簧碧坑，周喜乐、刘子玥、刘以诚、李春香、李中阳 ZXL06682(CSH)；浙江临安西天目山，金摄郎、张锐、刘莉 JSL4287(CSH)；安徽黄山乌石镇桃源村，金摄郎 JSL5350(CSH)。

凸轴蕨属 *Metathelypteris* (H. Itô) Ching

微毛凸轴蕨 *Metathelypteris adscendens* (Ching) Ching, Acta Phytotax. Sin. 8: 306. 1963.

产地: 福建南靖、德化、武夷山、将乐；江西瑞金、会昌、安远、井冈山、芦溪、崇义；浙江庆元、泰顺、苍南。

分布: 福建、江西、浙江、广东、广西、湖南、台湾。中国特有。

凭证标本：福建武夷山桐木乡黄竹凹，裘佩熹 1395（PE）；福建将乐县陇西山检查站，陇西山考察队 0311（PE）；江西会昌泮廷乡，胡启明 3218（PE）；江西崇义齐云山横河田尾头，严岳鸿、何祖霞 3619（HUST）。

林下凸轴蕨 *Metathelypteris hattorii* (H. Itô) Ching, Acta Phytotax. Sin. 8: 306. 1963.

产地：福建武夷山、建阳；江西铅山、玉山、井冈山、庐山、崇义、武宁；浙江杭州、淳安、鄞州、遂昌、龙泉、庆元、安吉、江山、开化；安徽黄山、祁门、休宁、金寨、石台、岳西、潜山。

分布：福建、江西、浙江、安徽、重庆、广西北部、贵州、湖南、四川西南部。日本。

凭证标本：福建武夷山自然保护区三港，周喜乐、金冬梅、王莹 ZXL05565（CSH）；江西九江市庐山黄龙潭，秦仁昌 10127（PE）；浙江遂昌九龙山自然保护区罗汉源点，金摄郎、钟鑫、沈彬 JSL3436（CSH）；安徽石台大演乡牯牛降风景区，金摄郎 JSL5673、JSL5679（CSH）。

疏羽凸轴蕨 *Metathelypteris laxa* (Franchet & Savatier) Ching, Acta Phytotax. Sin. 8: 306. 1963.

产地：福建南平、邵武、屏南、长汀；江西庐山、丰城、铅山、井冈山、崇义、安远、铅山；浙江山地丘陵；安徽黄山、歙县、祁门、休宁、金寨、石台、潜山、岳西；江苏南京、宜兴、溧阳、苏州、句容；上海金山、松江。

分布：福建、江西、浙江、安徽、江苏、上海、重庆、广东、广西、贵州、海南、湖北、湖南、四川、台湾、云南。日本、韩国南部。

凭证标本：福建龙岩长汀县中璜区，田旗、葛斌杰、王正伟 TQ01927（CSH）；江西庐山黑沣，谭策铭、董安森 081452（JJF）；浙江江山保安乡石鼓香溪，金摄郎、舒江平、赵国华、张锐 JSL3138（CSH）；安徽祁门安凌镇九龙池风景区，金摄郎 JSL5467（CSH）。

有柄凸轴蕨 *Metathelypteris petiolulata* Ching ex K. H. Shing, Fl. Reipubl. Popularis Sin. 4(1): 321. 1999.

产地：福建武夷山；江西武宁、铅山；浙江杭州、遂昌、江山、开化；安徽黄山、祁门、金寨。

分布：福建、江西、浙江、安徽、湖南。中国特有。

凭证标本：福建武夷山市龙度至三港途中，裘佩熹 1620（CSH）；江西武宁县太平山，熊耀国 05348（LBG）；浙江临安清凉峰自然保护区，金摄郎、魏宏宇、张娇

JSL5975（CSH）；安徽黄山风景区，金摄郎 JSL5262、JSL5282（CSH）。

武夷山凸轴蕨 *Metathelypteris wuyishanica* Ching, Wuyi Sci. J. 1: 5. 1981.

产地：福建武夷山；江西铅山；浙江遂昌。

分布：福建、江西、浙江。华东特有。

凭证标本：福建武夷山星村公社三港伐木场，Wuyi Exp. 00360（FJSI）。

金星蕨属 *Parathelypteris* (H. Itô) Ching

钝角金星蕨 *Parathelypteris angulariloba* (Ching) Ching, Acta Phytotax. Sin. 8: 304. 1963.

产地：福建德化、武夷山、将乐；江西崇义、九连山。

分布：福建、江西、广东北部和东南部、广西东部、海南、湖南、台湾、香港。日本。

凭证标本：福建武夷山桐木乡三港磐石坑，裴佩熹 1939（PE）；福建将乐县陇西山沙溪仔，陇西山考察队 823（PE）；江西崇义齐云山石碑头，严岳鸿、何祖霞 3570（HUST）。

狭叶金星蕨 *Parathelypteris angustifrons* (Miquel) Ching, Acta Phytotax. Sin. 8: 302. 1963.

产地：福建厦门、惠安、莆田、德化、福州、武夷山；浙江舟山、龙泉、乐清、温州、洞头、庆元。

分布：福建、浙江、台湾。日本。

凭证标本：福建厦门，周楠生 108（PE）；浙江舟山普陀山东北坡，邢公侠、张朝芳、林尤兴 308（PE）；浙江乐清南雁荡山，金方、张华 81913（PE）。

长根金星蕨 *Parathelypteris beddomei* (Baker) Ching, Acta Phytotax. Sin. 8: 302. 1963.

产地：福建屏南；浙江临安、龙泉、庆元；安徽潜山。

分布：福建、浙江、安徽、台湾。印度南部、印度尼西亚、日本、马来西亚、菲律宾。

凭证标本：江西庐山莲花台，董安森 884（HUST）。

狭脚金星蕨 *Parathelypteris borealis* (H. Hara) K. H. Shing, Fl. Reipubl. Popularis Sin. 4(1): 37. 1999.

异名：*Parathelypteris nipponica* var. *borealis*（H. Hara）Nakaike, New Fl. Jap. Pterid. 842. 1992.

产地：江西庐山、武宁、宜丰、武功山、井冈山；安徽岳西。

分布：福建、江西、安徽、广西、贵州、湖南、陕西、四川。日本。

凭证标本：江西九江市庐山，熊耀国 06742（PE）；安徽岳西主簿镇枯井园自然保护区，金摄郎 JSL2966（CSH）。

中华金星蕨 *Parathelypteris chinensis* (Ching) Ching, Acta Phytotax. Sin. 8: 303. 1963.

产地：福建武夷山；江西庐山、贵溪、井冈山、黎川、瑞金、铅山；浙江杭州、淳安、开化、遂昌、缙云；安徽祁门、潜山；江苏宜兴。

分布：福建、江西、浙江、安徽、江苏、广东、广西南部、贵州、湖南西部、四川南部、云南。中国特有。

凭证标本：福建武夷山，北京自然博物馆 90-33（PE）；江西九江市庐山龙门沟大山背，谭策铭、张毅 05970（SZG）；浙江温岭南嵩岭风景区，杭植标 4091（PE）；安徽祁门安凌镇大洪岭林场，金摄郎 JSL5549（CSH）。

毛果金星蕨 *Parathelypteris chinensis* var. *trichocarpa* Ching ex K. H. Shing & J. F. Cheng, Jiangxi Sci. 8(3): 44. 1990.

产地：江西铅山。

分布：江西、贵州、云南。中国特有。

凭证标本：江西铅山县武夷山自然保护区黄岗山二十五公里，谭策铭、蔡如意、奚亚、吴淑玉、彭今古 谭 17539（JJF）。

秦氏金星蕨 *Parathelypteris chingii* K. H. Shing & J. F. Cheng, Jiangxi Sci. 8(3): 44. 1990.

产地：江西安远。

分布：福建北部、江西南部、广东。中国特有。

凭证标本：江西安远县野猪坑，程景福 63063（PE）。

金星蕨 *Parathelypteris glanduligera* (Kunze) Ching, Acta Phytotax. Sin. 8: 301. 1963.

产地：福建福州、德化、南平、连城、上杭、武夷山、屏南；江西各地；浙江各地；安徽黄山、歙县、休宁、祁门、岳西、潜山、石台；江苏南部、东海；山东崂山、蒙山、平邑；上海金山、松江。

分布：福建、江西、浙江、安徽、江苏、山东、上海、重庆、广东、广西、贵州、海南、河南、湖北、湖南、陕西、四川、台湾、香港、云南。印度北部、日本、韩国南部、尼泊尔、越南。

凭证标本: 福建南平市武夷山桃源峪, 周喜乐、金冬梅、王莹 ZXL05546(CSH); 江西武宁县罗溪, 张吉华 1273(JJF); 浙江开化齐溪镇钱江源风景区, 金摄郎、魏宏宇、张娇 JSL5828(CSH); 浙江临安天目山横塘, 贺贤育 24664(PE); 江苏苏州洞庭山, 裘佩熹 141(PE)。

微毛金星蕨 *Parathelypteris glanduligera* var. *puberula* (Ching) Ching ex K. H. Shing, Fl. Jiangxi. 1: 199. 1993.

产地: 江西庐山、崇义; 江苏宜兴。

分布: 江西、安徽、江苏。华东特有。

凭证标本: 江西芦溪县千丈岩, 吴磊、祁世鑫 1414(HUST)。

光脚金星蕨 *Parathelypteris japonica* (Baker) Ching, Acta Phytotax. Sin. 8: 301. 1963.

产地: 福建南平; 江西庐山、修水、铜鼓、玉山、铅山、黎川; 浙江丘陵山地; 安徽黄山、歙县、青阳、滁州、祁门、芜湖、潜山、金寨、舒城、绩溪、石台、岳西; 江苏连云港、东海、无锡、宜兴。

分布: 福建、江西、浙江、安徽、江苏、重庆、广东、广西、贵州、湖南、吉林、四川、台湾、云南。日本、韩国南部。

凭证标本: 福建建阳李家坡大棵梨, 裘佩熹 2351(PE); 江西武夷山保护区岑源擂鼓岭, 严岳鸿、魏作影、夏增强 YYH15216(CSH); 安徽黄山风景区, 金摄郎 JSL5300(CSH)。

光叶金星蕨 *Parathelypteris japonica* var. *glabrata* (Ching) K. H. Shing, Fl. Jiangxi. 1: 201. 1993.

产地: 福建武夷山; 江西九江、瑞金、玉山。

分布: 福建、江西、广西、湖南。日本、韩国南部。

凭证标本: 福建武夷山市桐木乡七里桥, 裘佩熹 1708(PE); 江西玉山县三清山, 商辉、顾钰峰 SG226(CSH)。

中日金星蕨 *Parathelypteris nipponica* (Franchet & Savatier) Ching, Acta Phytotax. Sin. 8: 301. 1963.

产地: 福建武夷山; 江西庐山、宜丰、武功山、井冈山、武宁; 浙江庆元; 安徽金寨、岳西、霍山; 江苏连云港、苏州; 山东蒙山; 上海金山、松江。

分布: 福建、江西、浙江、安徽、江苏、山东、上海、重庆、甘肃、广东、广西、贵州、河南、湖北、湖南、吉林、陕西、四川、台湾、云南。日本、韩国南部、尼泊尔。

凭证标本：江西庐山，徐文宣 11（PE）；江西武宁县石门钨矿，谭策铭、易发兵、熊基水 05606（HUST）；安徽金寨天堂寨风景区，金摄郎 JSL3293（CSH）；安徽岳西包家乡合老林至东冲湾一带，金摄郎 JSL4645（CSH）。

卵果蕨属 *Phegopteris* (C. Presl) Fée

延羽卵果蕨 *Phegopteris decursive-pinnata* (H. C. Hall) Fée, Mém. Foug. 5: 242. 1852.

产地：福建德化、福州、南平、邵武、浦城、屏南；江西各地；浙江各地；安徽大别山区、皖南山区；江苏南京、宜兴、无锡、苏州、句容；山东崂山、蒙山、塔山、徂徕山、济南；上海金山、浦东、松江。

分布：福建、江西、浙江、安徽、江苏、山东、上海、重庆、甘肃、广东、广西、贵州、河南、湖北、湖南、陕西南部、四川、台湾、云南。日本、韩国南部、越南北部。

凭证标本：福建武夷山自然保护区挂墩，周喜乐、金冬梅、王莹 ZXL05504（CSH）；江西崇义县齐云山保护站–龙背，严岳鸿、何祖霞 3797（HUST）；浙江安吉龙王山，金冬梅、罗俊杰、魏宏宇 Fern09811（CSH）；安徽金寨天堂寨风景区，金摄郎 JSL3309（CSH）。

新月蕨属 *Pronephrium* Presl

红色新月蕨 *Pronephrium lakhimpurense* (Rosenstock) Holttum, Blumea. 20: 110. 1972.

产地：福建南靖、龙岩、德化、永安、南平、屏南；江西大余、龙南、寻乌。

分布：福建、江西、重庆、广东、广西、贵州、湖南、四川、香港、云南。不丹、印度北部、尼泊尔、泰国北部、越南。

凭证标本：福建南靖县乐土雨林，曾宪锋 ZXF26175（CZH）；福建南平茫荡镇纹浆村–小楠坪村，严岳鸿、金摄郎、舒江平 JSL5186（CSH）；江西寻乌项山，程景福 40088（JXU）。

微红新月蕨 *Pronephrium megacuspe* (Baker) Holttum, Blumea. 20: 122. 1972.

异名：*Pronephrium sampsonii* (Baker) Ching ex K. H. Shing, Fl. Jiangxi 1: 215. 1993.

产地：福建南靖；江西龙南、寻乌。

分布：福建、江西、广东、广西、台湾南部、云南。日本、泰国、越南。

凭证标本：福建南靖县和溪六斗山，叶国栋 01536（FJSI）；福建南靖县，郭琼芳 140037（IBSC）。

披针新月蕨 *Pronephrium penangianum* (Hooker) Holttum, Blumea. 20: 110. 1972.

产地: 江西庐山、武宁、瑞昌、铜鼓、德兴、玉山、宜丰、萍乡、井冈山；浙江淳安、建德。

分布: 江西、浙江、重庆、甘肃、广东、广西、贵州、河南、湖北、湖南、四川、云南。不丹、印度、克什米尔地区、尼泊尔、巴基斯坦。

凭证标本: 江西武宁县罗溪乡石门寺，张吉华 98740(JJF)；江西芦溪县，吴磊、祁世鑫 1204(HUST)；江西铜鼓县云台山，程景福 65686(JXU)。

单叶新月蕨 *Pronephrium simplex* (Hooker) Holttum, Blumea. 20: 122. 1972.

产地: 福建诏安、南靖、长乐、连江。

分布: 福建、澳门、广东、广西、海南、台湾、香港、云南。日本、越南。

凭证标本: 福建南靖和溪六斗山，叶国栋 2256；福建南靖县鹅仙洞，曾宪锋 ZXF25925(CVH)。

三羽新月蕨 *Pronephrium triphyllum* (Swartz) Holttum, Blumea. 20: 122. 1972.

产地: 福建南靖、福清、福州、连江、宁德、永泰、厦门。

分布: 福建、广东、广西、海南、湖南、台湾、香港、云南。印度、印度尼西亚、日本、韩国南部、斯里兰卡、马来西亚、缅甸、澳大利亚。

凭证标本: 福建南靖县乐土雨林，曾宪锋 ZXF26179(SZH)；福建厦门，周楠生 362(PE)。

假毛蕨属 *Pseudocyclosorus* Ching

普通假毛蕨 *Pseudocyclosorus subochthodes* (Ching) Ching, Acta Phytotax. Sin. 8: 325. 1963.

异名: 武宁假毛蕨 *Pseudocyclosorus paraochthodes* Ching ex K. H. Shing & J. F. Cheng, Jiangxi Sci. 8(3): 43. 1990; 景烈假毛蕨 *Pseudocyclosorus tsoi* Ching, Fl. Fujian. 1: 619. 1982.

产地: 福建德化、福州、武夷山、浦城、南平、屏南；江西庐山、铜鼓、贵溪、上饶、资溪、玉山、萍乡、安福、井冈山、会昌、崇义、龙南、安远、寻乌、铅山；浙江杭州、龙泉、庆元、遂昌、江山、开化；安徽宁国、歙县、祁门、休宁、石台；江苏溧阳、宜兴。

分布: 福建、江西、浙江、安徽、江苏、重庆、甘肃、广东、广西、贵州、湖北、湖南、四川、台湾、香港、云南。日本、韩国。

凭证标本: 福建屏南白水洋风景区，顾钰峰、金冬梅、魏宏宇 SG2180(CSH)；

江西武夷山保护区宾馆至电站途中，周喜乐、刘子玥、刘以诚、李春香、李中阳 ZXL06640（CSH）；浙江遂昌县九龙山自然保护区罗汉源保护站，韦宏金、钟鑫、沈彬 JSL3504（CSH）；安徽休宁齐云山镇齐云山风景区，金摄郎 JSL5387、JSL5441（CSH）；江苏溧阳翠谷庄园，刘启新等 508（NAS）。

紫柄蕨属 *Pseudophegopteris* Ching

耳状紫柄蕨 *Pseudophegopteris aurita* (Hooker) Ching, Acta Phytotax. Sin. 8: 314. 1963.

产地：福建德化、南平；江西武宁、井冈山、武功山、崇义、龙南；浙江开化、龙泉、庆元。

分布：福建中部、江西南部和西部、浙江、重庆、广东、广西、贵州中部、湖南、西藏东南部、云南西部。不丹、印度东北部、印度尼西亚、日本、马来西亚、缅甸北部、尼泊尔、巴布亚新几内亚、菲律宾、越南北部。

凭证标本：福建南平茫荡镇纹浆村 - 小楠坪村，严岳鸿、金摄郎、舒江平 JSL5173（CSH）；江西崇义县齐云山自然保护区大水坑，严岳鸿、周喜乐、王兰英 4165（HUST）；江西芦溪县千丈岩，吴磊、祁世鑫 1454（HUST）；浙江庆元县百山祖，裴佩熹 3803（PE）。

紫柄蕨 *Pseudophegopteris pyrrhorhachis* (Kunze) Ching, Acta Phytotax. Sin. 8: 313. 1963.

产地：福建武夷山、南平；江西庐山、武宁、修水、铜鼓、靖安、上饶、铅山、井冈山；浙江淳安、江山、开化、遂昌、龙泉、庆元。

分布：福建、江西、浙江、重庆、甘肃南部、广东、广西、贵州、河南、湖北、湖南、四川、台湾、云南。不丹、印度北部、缅甸、尼泊尔、斯里兰卡、越南。

凭证标本：福建南平市建阳黄坑大竹岚十八跳，武夷队 1338（PE）；江西崇义县齐云山横河田尾头，严岳鸿、何祖霞 3614（HUST）；浙江遂昌九龙山黄基坪，裴佩熹、姚关琥 5665（PE）。

沼泽蕨属 *Thelypteris* Schmidel

沼泽蕨 *Thelypteris palustris* Schott, Gen. Fil. t. 10. 1834.

产地：山东胶东半岛。

分布：江苏、山东、北京、重庆、河北、河南、黑龙江、吉林、辽宁、内蒙古、四川、新疆。广布于北半球温带。

凭证标本：山东烟台昆嵛山，生物九四 0024830（BNU）。

毛叶沼泽蕨 ***Thelypteris palustris*** var. ***pubescens*** (G. Lawson) Fernald, Rhodora. 31: 34. 1929.

产地: 浙江临安; 安徽岳西、金寨; 江苏连云港。

分布: 浙江、安徽（韦宏金等, 2017)、江苏、山东、黑龙江、吉林、辽宁。亚洲东部和北美洲的温带地区。

凭证标本: 浙江临安龙岗镇千顷塘水库, 金摄郎、魏宏宇、张娇 JSL6046、JSL6050(CSH); 江苏连云港云台山, 刘昉勋 10785(PE); 安徽安庆岳西县青天乡牛草山, 陈彬 CB07830(CSH); 安徽六安市大别山, 金摄郎 JSL3337(CSH)。

岩蕨科 Woodsiaceae

膀胱蕨属 *Protowoodsia* Ching

膀胱蕨 *Protowoodsia manchuriensis* (Hooker) Ching, Lingnan Sci. J. 21: 37. 1945.

产地：江西庐山、修水、萍乡；浙江临安；安徽黄山、潜山、金寨、绩溪；山东泰山、蒙山、崂山、昆嵛山、沂山、艾山。

分布：江西、浙江、安徽、山东、贵州、河北、河南、黑龙江、吉林、辽宁、内蒙古、山西、四川。日本、韩国、俄罗斯。

凭证标本：浙江临安西天目山倒挂莲花峰，裴佩熹 5280（PE）；安徽黄山风景区，金摄郎 JSL5253（CSH）；安徽黄山风景区，X. C. Zhang 1183（PE）；山东青岛崂山，商辉、汪浩 SG2134（CSH）；山东泰山，李法曾 0623（PE）。

岩蕨属 *Woodsia* R. Brown

东亚岩蕨 *Woodsia intermedia* Tagawa, Acta Phytotax. Geobot. 5: 250. 1936.

异名：*Woodsia taishanensis* F. Z. Li & C. K. Ni, Acta Phytotax. Sin. 20（3）：343. 1982.

产地：山东中南山区、胶东半岛。

分布：山东、北京、河北、河南、黑龙江、吉林、辽宁、内蒙古、山西。日本、韩国、俄罗斯。

凭证标本：山东泰山中天门，李法曾 0576（PE）；山东烟台昆嵛山太白顶下，T.N.Liou & K.M.Liou 1498（PE）。

大囊岩蕨 *Woodsia macrochlaena* Mettenius ex Kuhn, J. Bot. 6: 270. 1868.

产地：安徽岳西、金寨；山东昆嵛山、泰山、崂山。

分布：安徽（韦宏金等，2019）、山东、北京、河北、黑龙江、吉林、辽宁、天津。日本、韩国、俄罗斯。

凭证标本：安徽岳西，金摄郎 JSL2987（CSH）；山东烟台昆嵛山，李建秀 002001（PE）；山东泰山柏洞总理纪念碑，李法曾 0412（PE）。

妙峰岩蕨 *Woodsia oblonga* Ching & S. H. Wu, Fl. Tsinling. 2: 221. 1974.

产地：山东泰山、崂山、蒙山、徂徕山、邹城。

分布：山东、北京、河北、河南、湖北、天津。中国特有。

凭证标本：山东邹城市香城镇骆庄村莲青山，侯元同、郭成勇、段功、郝加琛等 13010232（QFNU）；山东泰山山脚至朝阳洞，中德队 612（PE）。

耳羽岩蕨 *Woodsia polystichoides* D. C. Eaton, Proc. Amer. Acad. Arts. 4: 110. 1858.

产地: 江西庐山、萍乡;浙江安吉、临安、淳安;安徽黄山、九华山、歙县、金寨、舒城、岳西;山东泰山、崂山、蒙山、昆嵛山、徂徕山。

分布: 广布于中国中部、东部（包括台湾，但不包括福建）、北部、西北部、西南部（四川、云南）。日本、韩国、俄罗斯。

凭证标本: 江西庐山植物园，关、汪、赖 748091(LBG);浙江临安昌化龙岗公社百丈岭，洪林 1267(HHBG);安徽黄山风景区，金摄郎 JSL5266(CSH);山东泰安泰山，商辉、汪浩 SG2150(CSH)。

球子蕨科 Onocleaceae

东方荚果蕨属 *Pentarhizidium* Hayata

东方荚果蕨 *Pentarhizidium orientale* (Hooker) Hayata, Bot. Mag. (Tokyo). 42: 345. 1928.

异名：*Matteuccia orientalis*（Hooker）Trevisan, Atti 1st Veneto 3（14）: 586. 1869.

产地：福建武夷山；江西庐山、修水、宜春、铅山、宁冈、井冈山、遂川；浙江安吉、德清、临安、淳安、鄞州、金华、遂昌、龙泉、庆元；安徽黄山、九华山、潜山、霍山、绩溪、潜山。

分布：福建、江西、浙江、安徽、重庆、甘肃、广东、广西、贵州、河南、湖北、湖南、吉林、陕西、四川、台湾、西藏。印度、日本、韩国、俄罗斯。

凭证标本：福建武夷山市桐木乡龙井坑，裴佩熹 1984（PE）；江西武夷山保护区宾馆至电站途中，周喜乐、刘子玥、刘以诚、李春香、李中阳 ZXL06688（CSH）；浙江龙泉凤阳山，浙博 3385（IBK）；安徽潜山天柱山铜锣尖，顾钰峰、于俊浩 SG2452（CSH）。

乌毛蕨科 Blechnaceae

乌毛蕨属 *Blechnum* Linnaeus

乌毛蕨 *Blechnum orientale* Linnaeus, Sp. Pl. 2: 1077. 1753.

产地: 福建各地;江西铅山、庐山、宜丰、萍乡、会昌、全南、安远、寻乌、吉安;浙江永嘉、瑞安、泰顺、平阳、苍南、乐清、温州。

分布: 福建、江西、浙江、澳门、重庆、广东、广西、贵州、海南、湖南、四川、台湾、西藏、香港、云南。日本、热带亚洲、澳大利亚、太平洋岛屿。

凭证标本: 福建武夷山自然保护区桃源峪,周喜乐、金冬梅、王莹 ZXL05553(CSH);江西崇义县齐云山自然保护区大水坑至十八垒,严岳鸿、周喜乐、王兰英 4201(HUST);浙江温州,葛斌杰、钟鑫、商辉、刘子玥 GBJ05306(CSH)。

苏铁蕨属 *Brainea* J. Smith

苏铁蕨 *Brainea insignis* (Hooker) J. Smith, Cat. Ferns Roy. Gard. Kew. 5. 1856.

产地: 福建云霄、平和;江西寻乌。

分布: 福建、江西(唐忠炳等, 2017)、澳门、广东、广西、贵州、海南、台湾中部、云南。热带亚洲。

凭证标本: 福建云霄县下河公社,郑、胡、富 84005(FJIDC);福建平和县安厚乡,陈恒彬 1201(FJSI);江西寻乌县东江源生态公园,唐忠炳、彭鸿民 160814504(GNNU)。

崇澍蕨属 *Chieniopteris* Ching

崇澍蕨 *Chieniopteris harlandii* (Hooker) Ching, Acta Phytotax. Sin. 9: 39. 1964.

产地: 福建上杭、龙岩、武夷山、南靖、平和;江西寻乌、崇义。

分布: 福建、江西(唐忠炳等, 2017)、广东、广西、贵州(荔波)、海南、湖南南部、台湾、香港。日本、越南。

凭证标本: 福建武夷山龙川大峡谷,周喜乐、刘子玥、张庆费、钟鑫 ZXL06805(CSH);福建南靖县和溪六斗山,叶国栋 1615(IBK);江西崇义县齐云山-龙背,严岳鸿、何祖霞 3742(HUST)。

裂羽崇澍蕨 *Chieniopteris kempii* (Copeland) Ching, Acta Phytotax. Sin. 9: 39. 1964.

产地：福建连城、龙岩、诏安。

分布：福建、广东、广西、台湾北部、香港。日本。

凭证标本：福建连成县邱家山林场，陈恒彬 719(FJSI)；福建龙岩市江山，张清其等 726(PE)；福建漳州诏安县乌山西山岩，曾宪锋 ZXF42561(CZH)。

荚囊蕨属 *Struthiopteris* Scopoli

荚囊蕨 *Struthiopteris eburnea* (Christ) Ching, Sunyatsenia. 5: 243. 1940.

产地：安徽铜陵、黟县。

分布：福建、安徽、重庆、广东、广西、贵州、湖北、湖南、四川、台湾。中国特有。

凭证标本：安徽铜陵市凤凰山滴水崖，赵鑫磊 CSH09028(CSH)；安徽黟县柯村镇江溪村，金摄郎 JSL5455(CSH)。

狗脊属 *Woodwardia* J. E. Smith

狗脊 *Woodwardia japonica* (Linnaeus f.) Smith, Mém. Acad. Roy. Sci. (Turin). 5: 411. 1793.

异名：*Woodwardia japonica* var. *contigua* Ching & P. S. Chiu, Acta Phytotax. Sin. 12(2): 246. 1974; *W. affinis* Ching & P. S. Chiu, Acta Phytotax. Sin. 12(2): 245-246. 1974; *W. omeiensis* Ching ex P. S. Chiu, Acta Phytotax. Sin. 12(2): 245-246. 1974.

产地：福建各地；江西各地；浙江山地丘陵；安徽芜湖、皖南山区、大别山区；江苏高淳、溧阳、宜兴、苏州、无锡；上海金山、松江。

分布：广布于长江以南和台湾。日本、韩国、越南。

凭证标本：福建屏南白水洋，顾钰峰、金冬梅、魏宏宇 SG2186(CSH)；江西修水县黄港镇垅港，缪以清 1501(JJF)；安徽休宁方腊寨，金摄郎、周喜乐 SZ120620007(CSH)；江苏宜兴，刘启新等 YX-149(NAS)。

东方狗脊 *Woodwardia orientalis* Swartz in Schrader, J. Bot. 1800(2): 76. 1801.

产地：福建福清、福州、南平、屏南、德化、建瓯；江西井冈山、崇义、资溪、黎川、安福、遂川、寻乌；浙江舟山、文成、平阳、宁波、龙泉。

分布：福建、江西、浙江、安徽、广东、广西、湖南、台湾、香港。日本、菲律宾。

凭证标本：福建屏南白水洋风景区，顾钰峰、金冬梅、魏宏宇 SG2233(CSH)；江西崇义齐云山三江口，严岳鸿 3526（HUST）；浙江舟山市，张宪春 7960（PE）。

珠芽狗脊（胎生狗脊）*Woodwardia prolifera* Hooker & Arnott , Bot. Beechey Voy. 275. 1838.

异名： *Woodwardia prolifera* var. *formosana*（Rosenstock）Ching, Acta Phytotax. Sin. 12（2）：244. 1974.

产地： 福建各地；江西玉山、贯溪、广丰、宜黄、南达大余、尤南、全南、定南、安远、寻乌；浙江朱家尖—镇海—临安一线以南、浙江的西部、中部、南部、东部；安徽黄山。

分布： 福建、江西、浙江、安徽、广东、广西、湖南、台湾、香港。日本。

凭证标本： 福建福清灵石林场，艾铁民、杨志铭 87010（PEM）；江西崇义县上堡乡竹溪村，王兰英 W.021（HUST）；浙江龙泉市凤阳山，裴佩熹 4073（PE）；浙江遂昌九龙山自然保护区罗汉源点，金摄郎、钟鑫、沈彬 JSL3537（CSH）。

顶芽狗脊 *Woodwardia unigemmata* (Makino) Nakai, Bot. Mag. (Tokyo). 39: 103. 1925.

产地： 福建宁化；江西武功山、井冈山；浙江乐清；安徽太湖。

分布： 福建、江西、浙江、安徽（张虹等，2020）、重庆、甘肃、广东、广西、贵州、河南、湖北、湖南、陕西、四川、台湾、西藏、香港、云南。不丹、印度、日本、克什米尔地区、缅甸、尼泊尔、巴基斯坦、菲律宾、越南。

凭证标本： 江西芦溪县，吴磊、祁世鑫 1283（HUST）；江西萍乡市武功山，程景福 65710（PE）；安徽省太湖县弥陀镇白杨村山坡；安徽省中药资源普查太湖调查队 340825150517054LY（ACM）。

蹄盖蕨科 Athyriaceae

安蕨属 *Anisocampium* C. Presl

华日安蕨 *Anisocampium × saitoanum* (Sugim.) M. Kato, Taxon. 60: 829. 2011.

产地：安徽祁门。

分布：安徽（韦宏金等，2018）。日本。

凭证标本：安徽省祁门县安凌镇大洪岭林场，金摄郎 JSL5577（CSH）。

日本安蕨 *Anisocampium niponicum* (Beddome) Yea C. Liu, Taxon 60: 828-829. 2011.

异名：日本蹄盖蕨、华东蹄盖蕨 *Athyrium niponicum*（Mettenius）Hance, J. Linn. Soc., Bot. 13: 92. 1873.

产地：福建上杭；江西铅山、九江、玉山、绍兴、靖安；浙江杭州、安吉、开化；安徽黄山、歙县、休宁、祁门、石台、潜山、金寨、舒城、岳西；江苏各地；山东青岛、泰安；上海崇明、嘉定、金山、浦东、青浦、松江、徐汇、虹口。

分布：福建（阙天福，2013）、江西、浙江、安徽、江苏、山东、上海、北京、重庆、甘肃、广东、广西、贵州、河北、河南、黑龙江、湖北、湖南、吉林、辽宁、宁夏、陕西、山西、四川、台湾、天津、云南。印度、日本、韩国、缅甸、尼泊尔、越南。

凭证标本：福建上杭县步云乡崇头，阙天福、杨意洪 2011-06-03（龙岩市林科所植物标本室）；浙江安吉龙王山，金冬梅、罗俊杰、魏宏宇 Fern09788（CSH）；安徽岳西主簿镇枯井园自然保护区，金摄郎 JSL2969（CVH）；江苏南京栖霞山，方文哲 410（NAS）。

华东安蕨 *Anisocampium sheareri* (Baker) Ching in Y. T. Hsieh, Acta Bot. Yunnan. 7: 314. 1985.

产地：福建武夷山、屏南；江西铅山、庐山、修水、铅山、萍乡；浙江山地丘陵；安徽歙县、休宁、祁门、宁国、石台；江苏宜兴。

分布：福建、江西、浙江、安徽、江苏、重庆、甘肃、广东、广西、贵州、河南、湖北、湖南、四川、云南。日本、韩国南部。

凭证标本：福建屏南鸳鸯溪风景区，顾钰峰、金冬梅、魏宏宇 SG2370（CSH）；浙江乐清雁荡山小龙湫，张朝芳、王若谷 7566（PE）；安徽歙县清凉峰自然保护区，金摄郎、魏宏宇、张娇 JSL6057（CSH）；江苏溧阳市松岭，刘启新等 143（NAS）。

蹄盖蕨属 *Athyrium* Roth

宿蹄盖蕨 *Athyrium anisopterum* Christ, Bull. Herb. Boissier. 6: 962. 1898.

产地: 江西龙南、玉山、九江。

分布: 江西、甘肃、广东、广西、贵州、湖南、四川、台湾、西藏、云南。缅甸、越南、泰国、印度、尼泊尔、马来亚、菲律宾、斯里兰卡、印度尼西亚。

凭证标本: 江西龙南县九连山，236 任务组 1203(PE)；江西上饶玉山县三清山，商辉、顾钰峰 SG208；江西九江市庐山，anonymous 10991(PE)。

大叶假冷蕨 *Athyrium atkinsonii* Beddome, Suppl. Ferns S. Ind. 11. 1876.

异名: *Pseudocystopteris atkinsonii*（Beddome）Ching, Acta Phytotax. Sin. 9(1)：78. 1964.

产地: 福建武夷山；江西铅山、武功山、井冈山、永修。

分布: 福建、江西、重庆、甘肃、贵州、河南、湖北、湖南、陕西南部、山西、四川、台湾、西藏东南部、云南。不丹、印度北部、日本、克什米尔地区、韩国南部、缅甸北部、尼泊尔、巴基斯坦北部。

凭证标本: 福建武夷山市黄岗山，Wuyi Exp. 1782(FJSI)；江西武夷山保护区桐木关至黄岗山途中，周喜乐、刘子玥、刘以诚、李春香、李中阳，ZXL06671、ZXL06672(CSH)。

东北蹄盖蕨 *Athyrium brevifrons* Nakai ex Tagawa, Col. Illustr. Jap. Pteridoph. 180. 1959.

产地: 山东牙山、艾山、蒙山、泰山等山区。

分布: 山东、河北、黑龙江、吉林、辽宁、内蒙古、山西。日本、韩国、俄罗斯东部。

凭证标本: 山东泰山，anonymous 81.044(PE)。

坡生蹄盖蕨 *Athyrium clivicola* Tagawa, Acta Phytotax. Geobot. 3: 32. 1934.

产地: 福建武夷山；江西崇义；浙江临安、淳安、龙泉、遂昌；安徽黄山、歙县、金寨、绩溪。

分布: 福建、江西、浙江、安徽、重庆、广西、贵州、湖北、湖南、四川、台湾中部和南部。日本、韩国。

凭证标本: 江西分宜大岗山，姚淦等 9497(NAS)；安徽绩溪清凉峰自然保护区，金摄郎、魏宏宇、张娇 JSL6147(CSH)。

溪边蹄盖蕨 *Athyrium deltoidofrons* Makino, Bot. Mag. (Tokyo). 28: 178. 1914.

异名: *Athyrium giganteum* de Vol, Lingnan Sci. J. 21(1-4)：79-80, pl. 5. 1945; *A. rotundilobum*

Ching, Fl. Fujianica 1: 597. 1982; *A. jiulungshanense* Ching, Bull. Bot. Res., Harbin 2(2): 72-73, pl. 3, f. 4. 1982.

产地：福建武夷山；江西庐山、新建；浙江临安、江山、松阳、龙泉、庆元、泰顺、遂昌。

分布：福建、江西、浙江、重庆、贵州、湖南、四川。日本、韩国。

凭证标本：福建武夷山桐木村，裴佩喜 1986(PE)；浙江遂昌县九龙山黄基坪，裴佩熹、姚关虎 5653a(PE)。

瘦叶蹄盖蕨 *Athyrium deltoidofrons* var. *gracillimum* (Ching) Z. R. Wang, Fl. Reipubl. Popularis Sin. 3(2): 186. 1999.

异名：*Athyrium gracillimum* Ching, Acta Bot. Boreal.-Occid. Sin. 6(3): 149. 1986.

产地：江西幕阜山。

分布：江西西部。华东特有。

凭证标本：江西修水县幕埠山流水庵攒船窝，熊耀国 05866(PE)。

湿生蹄盖蕨 *Athyrium devolii* Ching, Sunyatsenia. 3: 1. 1935.

异名：*Athyrium fujianense* Ching, Fl. Fujianica 1: 597. 1982.

产地：福建武夷山、屏南；江西铅山、庐山、武宁、新建、井冈山、修水；浙江临安、开化、江山、金华、松阳、龙泉、庆元、泰顺、遂昌。

分布：福建、江西、浙江、重庆、广西、贵州、湖南、四川、西藏、云南。中国特有。

凭证标本：福建武夷山，裴佩熹 1206(PE)；江西武夷山保护区宾馆至桐木关，周喜乐、刘子玥、刘以诚、李春香、李中阳，ZXL06701、ZXL06702、ZXL06734(CSH)；浙江遂昌杨茂源保护站，周喜乐、舒江平、葛斌杰、宋以刚 ZXL06621(CSH)。

长叶蹄盖蕨 *Athyrium elongatum* Ching, Acta Bot. Boreal.-Occid. Sin. 6(2): 101. 1986.

产地：江西井冈山；浙江杭州。

分布：江西、浙江、广西、贵州、湖南。中国特有。

凭证标本：江西井冈山市笔架山，李中阳、卫然 JGS008(PE)；浙江杭州市白龙潭，张朝芳 3305(PE)。

密羽蹄盖蕨 *Athyrium imbricatum* Christ, Bull. Acad. Int. Géogr. Bot. 16: 123. 1906

产地：安徽岳西。

分布：安徽（韦宏金等，2017）、重庆、贵州、湖南、四川。日本。

凭证标本：岳西县包家乡鹞落坪国家级自然保护区，金摄郎 JSL4646（CSH）。

中间蹄盖蕨 *Athyrium intermixtum* Ching & P. S. Chui, Acta Bot. Boreal.-Occid. Sin. 6(1): 21. 1986.

产地：浙江临安、庆元、龙泉；安徽黄山。

分布：浙江、安徽。华东特有。

凭证标本：浙江龙泉市昴山，裘佩喜 3768（PE）；浙江庆元县百山祖，裘佩熹 3950（PE）；安徽黄山市，周喜乐、严岳鸿、商辉、王莹 ZXL05363（CSH）。

长江蹄盖蕨 *Athyrium iseanum* Rosenstock, Repert. Spec. Nov. Regni Veg. 13: 124. 1913.

产地：福建武夷山、南平、龙岩、德化；江西庐山、玉山、铅山、萍乡、井冈山、黎川、石城、全南、安远；浙江杭州、淳安、建德、鄞州、天台、遂昌、松阳、龙泉、庆元、安吉、武义、江山、开化；安徽黄山、祁门、休宁、石台；江苏宜兴。

分布：福建、江西、浙江、安徽、江苏、重庆、广东、广西、贵州、湖北、湖南、四川、台湾、西藏、云南。日本、韩国南部。

凭证标本：福建武夷山自然保护区挂墩，周喜乐、金冬梅、王莹 ZXL05520（CSH）；江西庐山黄龙潭侧，秦仁昌 10885（LBG）；安徽黄山风景区，金摄郎 JSL5337（CSH）。

紫柄蹄盖蕨 *Athyrium kenzo-satakei* Sa. Kurata, J. Geobot. 7: 75. 1958.

产地：江西铅山、龙南。

分布：江西、广东、广西、贵州、湖南、四川。日本。

凭证标本：江西武夷山保护区桐木关至黄岗山途中，周喜乐、刘子玥、刘以诚、李春香、李中阳 ZXL06645（CSH）；江西龙南县九连山黄牛石，张宪春、陈拥军等 1860（PE）；江西龙南九连山佛生路，陈拥军 421（PE）。

川滇蹄盖蕨 *Athyrium mackinnoniorum* (C. Hope) C. Christensen, Index Filic. 143. 1905.

产地：浙江遂昌；安徽岳西、霍山。

分布：浙江、安徽、重庆、甘肃东南部、广西、贵州、湖北西北部、湖南、陕西、四川、西藏东南部、云南。阿富汗、印度北部、缅甸、尼泊尔、巴基斯坦、泰国、越南。

凭证标本：浙江遂昌九龙山西坑口，姚关虎 NAS00151234（NAS）；安徽岳西青天乡王家塆至罗汉肚子，金摄郎 JSL3030（CSH）；安徽霍山县马家河林场 白马尖，邓懋彬，魏宏国 81444（NAS）。

昴山蹄盖蕨 *Athyrium maoshanense* Ching & P. S. Chiu, Acta Bot. Boreal.-Occid. Sin. 6(3): 157. 1986.

产地：浙江龙泉。

分布：浙江南部。华东特有。

凭证标本：浙江龙泉市昴山，裴佩熹 3767（PE）。

多羽蹄盖蕨 *Athyrium multipinnum* Y. T. Hsieh & Z. R. Wang, Acta Bot. Boreal.-Occid. Sin. 7(1): 55. 1987.

产地：浙江临安；安徽绩溪。

分布：江西、浙江、安徽（韦宏金等，2019）、贵州、湖南。中国特有。

凭证标本：浙江临安昌化龙门坑上，贺贤育 28803（NAS）；安徽绩溪清凉峰，邓懋彬 89023（NAS）；安徽绩溪县清凉峰自然保护区，金摄郎、魏宏宇、张娇 JSL6149（CSH）。

南岳蹄盖蕨 *Athyrium nanyueense* Ching, Acta Bot. Boreal.-Occid. Sin. 6(3): 152. 1986.

产地：安徽金寨。

分布：安徽（韦宏金等，2018）、湖南（衡山）。中国特有。

凭证标本：安徽金寨县天马自然保护区，韦宏金 JSL3333（CSH）。

峨眉蹄盖蕨 *Athyrium omeiense* Ching, Bull. Fan Mem. Inst. Biol., Bot. ser. 2, 1: 282. 1949.

产地：江西铅山；安徽岳西。

分布：江西、安徽（韦宏金等，2019）、重庆、甘肃东南部、贵州西北部、湖北西北部、湖南、陕西、四川、云南北部。中国特有。

凭证标本：江西上饶市铅山县武夷山保护区，周喜乐、刘子玥、刘以诚、李春香、李中阳 ZXL06679（CSH）；安徽岳西县青天乡牛草山，金摄郎 JSL4638（CSH）。

光蹄盖蕨 *Athyrium otophorum* (Miquel) Koidzumi, Fl. Symb. Orient.-Asiat. 40. 1930.

产地：福建南平、上杭；江西龙南、崇义、芦溪；浙江临安、淳安、遂昌；安徽黄山、九华山、歙县。

分布：福建、江西、浙江、安徽、重庆、广东、广西、贵州、湖北、湖南、四川、台湾、云南。日本、韩国。

凭证标本：福建南平武夷山市枫木乡龙度，裘佩喜 2076（PE）；江西龙南县九连山大丘田，张宪春、陈拥军等 1891（PE）；江西芦溪县武功山，吴磊、祁世鑫 1392（HUST）；浙江遂昌九龙山自然保护区，金摄郎、钟鑫、沈彬 JSL3568（CSH）。

贵州蹄盖蕨 *Athyrium pubicostatum* Ching & Z. Y. Liu, Bull. Bot. Res., Harbin. 4(3): 7. 1984.

产地：福建上杭。

分布：福建（阙天福，2013）、重庆、广西、贵州、湖北、湖南、四川、台湾、云南。中国特有。

凭证标本：福建上杭县步云乡油婆记，阙天福、杨意洪 2010-08-17（03）（龙岩市林科所植物标本室）。

中华蹄盖蕨 *Athyrium sinense Ruprecht*, Dist. Crypt. Vasc. Ross. 41. 1845.

产地：山东昆嵛山、蒙山。

分布：山东、北京、甘肃东南部、河北、河南西部、黑龙江、湖北、吉林、辽宁、内蒙古、宁夏、陕西、山西、西藏。中国特有。

凭证标本：山东蒙山望河楼，周太炎等 6140（PE）。

软刺蹄盖蕨 *Athyrium strigillosum* (E. J. Lowe) T. Moore ex Salomon, Nomencl. Gefässkrypt. 112. 1883.

产地：江西石城、庐山。

分布：江西、广东、广西、贵州、湖南、四川、台湾、西藏、云南。不丹、印度北部、克什米尔地区、缅甸、尼泊尔。

凭证标本：江西石城，胡启明 5119（复旦大学）；江西庐山，熊耀国 10041（LBG）。

尖头蹄盖蕨 *Athyrium vidalii* (Franchet & Savatier) Nakai, Bot. Mag. (Tokyo). 39: 110. 1925.

产地：江西武功山；浙江临安、淳安、江山、金华、遂昌、龙泉、庆元、文成、泰顺；安徽黄山、池州、岳西、金寨、舒城。

分布：江西、浙江、安徽、重庆、福建、甘肃、广西、贵州、河南南部、湖北、湖南、陕西、四川、台湾、云南。日本、韩国。

凭证标本：浙江临安清凉峰自然保护区，金摄郎、魏宏宇、张娇 JSL5962、JSL6019、JSL6024（CSH）；安徽金寨县天堂山，张宪春 3758、3761（PE）。

松谷蹄盖蕨 *Athyrium vidalii* var. *amabile* (Ching) Z. R. Wang, Fl. Reipubl. Popularis Sin. 3(2): 199. 1999.

产地：浙江安吉、临安、遂昌、泰顺、江山。

分布：浙江。华东特有。

凭证标本：浙江临安西天目山，金摄郎、张锐、刘莉 JSL4252（CSH）；浙江衢州市江山市大龙岗，严岳鸿、李晓晨等 CFH09001759（CSH）。

胎生蹄盖蕨 *Athyrium viviparum* Christ, Bull. Acad. Int. Géogr. Bot. 20: 13. 1910.

产地：江西安福、武宁；浙江临安。

分布：江西、浙江、重庆、广东、广西、贵州、湖南、四川、云南。中国特有。

凭证标本：江西安福县武功山文家梅袁冲，岳俊三等 3042（NAS）；江西武宁县罗溪乡尧山村，谭策铭、李秀枝 2645-1（JJF）；浙江临安西天目山，金摄郎、张锐、刘莉 JSL4342（CSH）。

华中蹄盖蕨 *Athyrium wardii* (Hooker) Makino, Bot. Mag. (Tokyo). 13: 28. 1899.

产地：福建武夷山、浦城；江西庐山、修水、铅山、井冈山、崇义；浙江临安、江山、开化、遂昌、龙泉、庆元；安徽黄山、歙县、祁门、金寨、舒城、绩溪、潜山、岳西。

分布：福建、江西、浙江、安徽、重庆、广西、贵州、湖北、湖南、四川、云南。日本、韩国。

凭证标本：江西黄龙潭，秦仁昌 10164（PE）；浙江开化齐溪镇钱江源风景区，金摄郎、魏宏宇、张娇 JSL5858（CSH）；安徽黄山风景区，金摄郎 JSL5315（CSH）；安徽金寨县天堂山，张宪春 3741（PE）。

无毛华中蹄盖蕨 *Athyrium wardii* var. *glabratum* Y. T. Hsieh & Z. R. Wang, Fl. Reipubl. Popularis Sin. 3(2): 508. 1999.

产地：江西庐山；浙江临安、天台、遂昌、龙泉。

分布：福建、江西、浙江、湖南。中国特有。

凭证标本：江西庐山第六招待所附近，关克俭 77076（PE）；浙江临安西天目山老殿，裴佩熹 5288（PE）。

禾秆蹄盖蕨 *Athyrium yokoscense* (Franchet & Savatier) Christ, Bull. Herb. Boissier. 4: 668. 1896.

产地：江西铅山、庐山、武宁、修水；浙江安吉、临安、金华、东阳、天台；安徽黄山、歙县、霍山、金寨、舒城、绩溪、潜山、岳西；江苏北部山区；山东中南山区、东部丘陵。

分布：江西、浙江、江苏、安徽、山东、重庆、贵州东北部、黑龙江、河北、河南、湖南、吉林、辽宁。日本、韩国、俄罗斯东部。

凭证标本：江西武宁县罗溪，谭策铭 9610221（HUST）；浙江临安西天目山，金摄郎、张锐、刘莉 JSL4279（CSH）；安徽黄山，张宪春 1180（PE）；山东烟台昆嵛山，刘全儒等 977262（BNU）；山东青岛崂山，商辉、汪浩 SG2117（CSH）。

角蕨属 *Cornopteris* Nakai

角蕨 *Cornopteris decurrenti-alata* (Hooker) Nakai, Bot. Mag. (Tokyo). 44: 8. 1930.

产地：福建武夷山、泰宁、建阳；江西铅山、庐山、永修、武功山、井冈山；浙江杭州、淳安、桐庐、鄞州、丽水、遂昌、江山、泰顺；安徽黄山、祁门、金寨、岳西、石台、宁国；江苏宜兴。

分布：福建、江西、浙江、安徽、江苏、重庆、甘肃、广东、广西、贵州、河南、湖南、四川、台湾、云南。不丹、印度北部、日本、韩国、尼泊尔。

凭证标本：福建泰宁县梅口公社疗元大队，李明生 1164（PE）；江西武夷山篁碧大郎坑，严岳鸿、魏作影、夏增强 YYH15261（CSH）；浙江江山石门镇江郎山，金摄郎、舒江平、赵国华、张锐 JSL3104（CSH）；江苏宜兴九峰寺下山路旁，刘启新等 616（NAS）。

黑叶角蕨 *Cornopteris opaca* (D. Don) Tagawa, Acta Phytotax. Geobot. 8: 92. 1939.

产地：福建南平；江西井冈山、安远、崇义。

分布：福建、江西、广东、广西、贵州、湖南、四川、台湾、云南。不丹、印度、印度尼西亚、日本、尼泊尔、越南。

凭证标本：福建南平茫荡山三千八百坎，严岳鸿、金摄郎、舒江平 JSL5159（CSH）；江西安远县甲岗柏树坑，程景福 40239（PE）；江西崇义县齐云山保护站－诸广山，严岳鸿、何祖霞 3687（HUST）。

对囊蕨属 *Deparia* Hooker & Greville

对囊蕨 *Deparia boryana* (Willdenow) M. Kato, Bot. Mag. (Tokyo). 90: 36. 1977.

异名：介蕨 *Dryoathyrium boryanum*（Willdenow）Ching, Bull. Fan Mem. Inst. Biol., Bot. 11（2）: 81. 1941.

产地：福建南靖；浙江临安。

分布：福建、浙江、重庆、广东、广西、贵州、海南、湖南、陕西、四川、台湾、西藏东南部、云南。印度、印度尼西亚、马来西亚、缅甸、尼泊尔、菲律宾、斯里兰卡、泰国、越南、非洲。

凭证标本：福建南靖县南坑石门，anonymous 0613（PE）。

钝羽对囊蕨 *Deparia conilii* (Franchet & Savatier) M. Kato, Bot. Mag. (Tokyo). 90: 37. 1977.

异名：钝羽假蹄盖蕨 *Athyriopsis conilii*（Franchet & Savatier）Ching, Acta Phytotax. Sin. 9（1）: 65. 1964.

产地：福建古田、武夷山；江西铅山、庐山、芦溪、井冈山；浙江杭州、乐清、遂昌、宁波；安徽祁门、绩溪、金寨；江苏宜兴、连云港、东海；山东崂山、昆嵛山、艾山、牙山、徂徕山等山区。

分布：福建、江西、浙江、安徽、江苏、山东、甘肃、河南、湖北、湖南、台湾。日本、韩国。

凭证标本：福建古田县富达村，兰艳黎 07134（HUST）；浙江宁波瑞岩寺前，贺贤育 27377（HHBG）；安徽绩溪清凉峰国家级自然保护区，金摄郎、魏宏宇、张娇 JSL6138（CSH）。

二型叶对囊蕨 *Deparia dimorphophyllum* (Koidzumi) M. Kato, Bot. Mag. (Tokyo). 90: 37. 1977.

异名：二型叶假蹄盖蕨 *Athyriopsis dimorphophylla*（Koidzumi）Ching ex W. M. Chu, Fl. Reipubl. Popularis Sin. 3（2）: 338-339. 1999.

产地：江西九江、贵溪、武宁；浙江临安、泰顺、遂昌、淳安、开化、舟山、乐清、龙泉；安徽黄山、舒城、岳西；江苏宜兴。

分布：江西、浙江、安徽、江苏、贵州、河南、湖南。日本。

凭证标本：浙江泰顺乌岩岭万斤窑，裘佩熹、吴依平 6131（PE）；浙江临安清凉峰镇浙川村，金摄郎、魏宏宇、张娇 JSL5996（CSH）；安徽舒城县晓天镇万佛山保护区，金摄郎 CSH21411（CSH）；江苏宜兴林场老鹰岕，金岳杏 NAS00089384（NAS）。

鄂西对囊蕨 *Deparia henryi* (Baker) M. Kato, Bot. Mag. (Tokyo). 90: 37. 1977.

异名：鄂西介蕨 *Dryoathyrium henryi*（Baker）Ching, Bull. Fan Mem. Inst. Biol., Bot. 11（2）: 81. 1941.

产地：安徽霍山、金寨、岳西。

分布：福建、安徽、重庆、甘肃东南部、贵州、河南南部、湖北、湖南、陕西南部、四川、云南。中国特有。

凭证标本：安徽金寨县白马寨林场，邓懋彬、魏宏国 81091（NAS）；安徽岳西县鹞落坪，张锐 06430-2（南京农业大学）。

东洋对囊蕨 *Deparia japonica* (Thunberg) M. Kato, Bot. Mag. (Tokyo). 90: 37. 1977.

异名：假蹄盖蕨 *Athyriopsis japonica*（Thunberg）Ching, Acta Phytotax. Sin. 9（1）:

65. 1964.

产地：福建各地；江西庐山、修水、玉山、贵溪、铅山、安福、遂川、会昌、寻乌；浙江各地；安徽黄山、九华山、歙县、祁门、休宁、潜山、金寨、岳西、巢湖；江苏各地；山东崂山；上海崇明、金山、松江。

分布：福建、江西、浙江、安徽、江苏、山东、上海、澳门、重庆、甘肃、广东、广西、贵州、海南、河南、湖北、湖南、四川、台湾、香港、云南。日本、印度、韩国、缅甸北部、尼泊尔。

凭证标本：福建古田县招坑村，兰艳黎 07102（HUST）；江西武宁县罗溪，张吉华 1742A（CCAU）；浙江苍南县莒千黄土岭，张朝芳、王若谷 7379（PE）；安徽金寨天堂山，张宪春 3753（PE）。

九龙对囊蕨 *Deparia jiulungensis* (Ching) Z. R. Wang, Fl. China. 2&3: 434. 2013.

异名：九龙蛾眉蕨 *Lunathyrium jiulungense* Ching, Bull. Bot. Res., Harbin 2（2）: 71. 1982.

产地：浙江遂昌、临安；安徽黄山、岳西、金寨、绩溪。

分布：江西、浙江、安徽、四川、台湾。日本中南部。

凭证标本：浙江遂昌九龙山龙门坞，裘佩熹、姚关虎 5870（NAS）；浙江临安西天目山，金摄郎、张锐、刘莉 JSL4282（CSH）；安徽岳西包家乡红二十八军军政旧址附近，金摄郎 JSL4650（CSH）。

东亚对囊蕨 *Deparia jiulungensis* var. *albosquamata* (M. Kato) Z. R. Wang, Fl. China. 2&3: 435. 2013.

异名：东亚蛾眉蕨 *Lunathyrium orientale* Z. R. Wang & J. J. Chien, Acta Phytotax. Sin. 22（3）: 228. 1984.

产地：安徽歙县、黄山。

分布：安徽、台湾。日本中南部。

凭证标本：安徽歙县营中北海客馆一松谷店，关克俭 75328（PE）；安徽黄山，anonymous 4534（PE）。

中日对囊蕨 *Deparia kiusiana* (Koidzumi) M. Kato, Bot. Mag. (Tokyo). 90: 37. 1977.

异名：中日假蹄盖蕨 *Athyriopsis kiusiana*（Koidzumi）Ching, Acta Phytotax. Sin. 9（1）: 66. 1964.

产地：浙江江山；山东昆嵛山、平邑。

分布：浙江（新记录）、贵州（道真）、山东（平邑）。日本。

凭证标本：浙江江山双溪口乡大龙岗，金摄郎、舒江平、赵国华、张锐

JSL3238（CSH）；山东烟台昆嵛山，北师大 0025031（BNU）。

单叶对囊蕨 *Deparia lancea* (Thunberg) Fraser-Jenkins, New Sp. Syndr. Indian Pteridol. 101. 1997.

异名：*Diplazium subsinuatum*（Wallich ex Hooker & Greville）Tagawa, Coloured Ill. Japanese Pteridophyta 135, pl. 55, f. 298. 1959; *Triblemma lancea*（Thunberg）Ching, Acta Phytotax. Sin. 16（3）: 24. 1978.

产地：福建各地；江西各地；浙江山地丘陵；安徽九华山、休宁、祁门、歙县、东至、铜陵、石台、潜山；江苏宜兴。

分布：福建、江西、浙江、安徽、江苏、重庆、广东、广西、贵州、海南、河南、湖南、四川、台湾、香港、云南。印度、日本、缅甸、尼泊尔、菲律宾、斯里兰卡、越南。

凭证标本：福建武夷山自然保护区桃源峪，周喜乐、金冬梅、王莹 ZXL05525（CSH）；江西九江县庐山黑洼，谭策铭 01053（SZG）；浙江江山石门镇江郎山，金摄郎、舒江平、赵国华、张锐 JSL3113（CSH）；安徽祁门安凌镇广大村，金摄郎 JSL5504（CSH）。

鲁山对囊蕨 *Deparia lushanensis* (J. X. Li) Z. R. He, Fl. China. 2&3: 439. 2013.

异名：鲁山假蹄盖蕨 *Athyriopsis lushanensis* J. X. Li, Acta Phytotax. Sin. 26: 162. 1988.

产地：山东淄博市鲁山。

分布：山东（鲁山）。

凭证标本：山东淄博市鲁山，李建秀 00112（NAS）；山东鲁山，李建秀、万鹏 00110（PE）。

大久保对囊蕨 *Deparia okuboana* (Makino) M. Kato, Bot. Mag. (Tokyo). 90: 37. 1977.

异名：华中介蕨 *Dryoathyrium okuboanum*（Makino）Ching, Acta Phytotax. Sin. 10（4）: 303. 1965.

产地：福建武夷山；江西庐山、修水、武宁；浙江杭州、淳安、诸暨、鄞州、遂昌、松阳、龙泉、庆元、缙云、平阳、文成、泰顺、江山、开化；安徽黄山、九华山、歙县、休宁、潜山、宁国、金寨、岳西、石台；江苏宜兴、苏州。

分布：福建、江西、浙江、安徽、江苏、重庆、甘肃东南部、广东、广西、贵州、河南、湖北、湖南、陕西南部、四川、云南。日本、越南。

凭证标本：福建武夷山市，裘佩熹 1153（PE）；江西武宁县罗溪乡尧山村，张吉华 2536(JJF)；浙江临安西天目山，金摄郎、张锐、刘莉 JSL4297(CSH)；安徽岳西青天乡王家埝，金摄郎 JSL3033(CSH)；江苏宜兴太华一线天，刘启新等174(NAS)。

毛叶对囊蕨 *Deparia petersenii* (Kunze) M. Kato, Bot. Mag. (Tokyo). 90: 37. 1977.

异名：毛轴假蹄盖蕨 *Athyriopsis petersenii*（Kunze）Ching, Acta Phytotax. Sin. 9(1)：66. 1964; *A. japonica* var. *oshimense*（Christ）Ching, Acta Phytotax. Sin. 9(1)：65. 1964.

产地：福建各地；江西庐山、修水、井冈山、铅山、安福；浙江临安、安吉、开化、庆元、平阳、淳安、宁海、遂昌、乐清；安徽黄山、九华山、歙县、太平、宁国、祁门、休宁、石台。

分布：福建、江西、浙江、安徽、江苏、山东、澳门、重庆、甘肃、广东、广西、贵州、海南、河南、湖北、湖南、陕西、四川、台湾、西藏、香港、云南。日本南部、韩国、亚洲南部和东南部、大洋洲。

凭证标本：福建建阳李家坡，裴佩熹 2369(PE)；江西庐山仰天坪至汉阳峰，裴佩熹 3228(PE)；浙江开化苏庄镇平坑村，金摄郎、魏宏宇、张娇 JSL5806(CSH)；安徽石台仙寓镇仙寓山风景区，金摄郎、商辉、莫日根高娃、罗俊杰 JSL5641(CSH)。

东北对囊蕨 *Deparia pycnosora* (Christ) M. Kato, Bot. Mag. (Tokyo). 90: 36. 1977.

异名：*Lunathyrium shandongense* J. X. Li & F. Z. Li., Bull. Bot. Res., Harbin 4(2)：143-145, f. 2. 1984; *L. pycnosorum*（Christ）Koidzumi, Acta Phytotax. Geobot. 1(1)：31. 1932.

产地：山东牙山。

分布：山东、北京、河北、黑龙江、吉林、辽宁、台湾。日本北部、韩国、俄罗斯东部。

凭证标本：山东栖霞市牙山，李建秀 82-05(PE、山东中医学院标本室)。

刺毛对囊蕨 *Deparia setigera* (Ching ex Y. T. Hsieh) Z. R. Wang, Fl. China. 2&3: 423. 2013.

异名：刺毛介蕨 *Dryoathyrium setigerum* Ching ex Y. T. Hsieh, Bull. Bot. Res., Harbin 5(3)：153. 1985.

产地：浙江遂昌。

分布：浙江、重庆、贵州、湖南、四川。中国特有。

凭证标本：浙江遂昌县九龙山毛司坑，裴佩熹，姚关虎 5923(NAS)。

山东对囊蕨 *Deparia shandongensis* (J. X. Li & Z. C. Ding) Z. R. He, Fl. China. 2&3: 439. 2013.

异名：山东假蹄盖蕨 *Athyriopsis shandongensis* J. X. Li & Z. C. Ding, Acta Phytotax. Sin. 26: 163. 1988.

产地：山东蓬莱艾山、威海正棋山、栖霞牙山、青岛崂山、烟台昆嵛山、蒙山。

分布：山东。华东特有。

凭证标本：山东临沂市平邑县蒙山大洼鬼谷子村（北山涧），生科班09组 1609022（QFNU）；山东烟台昆嵛山，北师大 20003（BNU）。

华中对囊蕨 *Deparia shennongensis* (Ching, Boufford & K. H. Shing) X. C. Zhang, Lycophytes Ferns China. 390. 2012.

异名：华中蛾眉蕨 *Lunathyrium centrochinense* Ching ex K. H. Shing, Jiangxi Sci. 8(3): 43. 1990.

产地：江西庐山、修水、武宁、靖安；浙江临安、安吉；安徽黄山、歙县、休宁、潜山、岳西。

分布：江西、浙江、安徽、重庆、贵州、河北、河南、湖北、湖南、陕西、四川、云南。中国特有。

凭证标本：江西靖安县石境，张吉华 1241（SZG）；江西武宁县罗溪，张吉华 1775（CCAU）；安徽安庆市岳西县包家乡合老林至东冲湾一带，金摄郎 JSL4643（CSH）。

羽裂叶对囊蕨 *Deparia tomitaroana* (Masamune) R. Sano, J. Pl. Res. 113: 162. 2000.

异名：羽裂叶双盖蕨 *Diplazium tomitaroanum* Masam., J. Soc. Trop. Agric. 2: 33. 1930.

产地：福建安远、南靖、南平；江西崇义、寻乌、全南、石城；浙江苍南；安徽休宁；江苏宜兴。

分布：福建、江西、浙江、安徽、江苏、重庆（缙云山）、广东、广西、贵州、海南（白沙）、湖南（宜章）、四川（峨眉山、乐山）、台湾、香港、云南（广南）。日本。

凭证标本：福建南靖县南坑石门，福建队 0605（PE）；福建安远县甲岗，程景福 40255（JXU）；江西崇义县上堡乡竹溪村青山，王兰英 w078（HUST）；江西寻乌上坪分场，程景福 40160（JXU）；安徽休宁县岭南，姚淦 11094（NAS）。

单叉对囊蕨 *Deparia unifurcata* (Baker) M. Kato, Bot. Mag. (Tokyo). 90: 37. 1977.

异名：峨眉介蕨 *Dryoathyrium unifurcatum*（Baker）Ching, Bull. Fan Mem. Inst. Biol.,

Bot. 11（2）：81. 1941.

产地：江西武宁；浙江临安、开化；安徽金寨。

分布：江西、浙江、安徽、重庆、广西、贵州、湖北、湖南、陕西南部、四川、台湾（花莲、南投）、云南。日本。

凭证标本：江西武宁县罗溪乡尧山村，张吉华 2644（JJF）；浙江临安清凉峰镇浙川村，金摄郎、魏宏宁、张娇 JSL6016（CSH）；安徽金寨天堂山，张宪春 3774（PE）。

绿叶对囊蕨 *Deparia viridifrons* (Makino) M. Kato, Bot. Mag. (Tokyo). 90: 37. 1977.

异名：绿叶介蕨 *Dryoathyrium viridifrons*（Makino）Ching, Bull. Fan Mem. Inst. Biol., Bot. 11（2）：81. 1941.

产地：福建和平；江西庐山；浙江安吉、临安、诸暨、磐安、文成、遂昌、平湖、建德；安徽石台、祁门、休宁；江苏宜兴。

分布：福建、江西、浙江、安徽（新记录）、江苏、重庆、贵州、湖南、四川、云南。日本、韩国。

凭证标本：浙江平湖九龙山保护区罗汉源保护站，韦宏金、钟鑫、沈彬 JSL3505（CSH）；浙江临安西天目山朱陀岭，贺贤育 1182（HHBG）；安徽休宁齐云山镇齐云山风景区，金摄郎 JSL5428（CSH）；江苏宜兴太华一线天山顶，刘启新等 463（NAS）。

双盖蕨属 *Diplazium* Swartz

百山祖双盖蕨 *Diplazium baishanzuense* (Ching & P. S. Chiu) Z. R. He, Fl. China 2-3: 522. 2013.

异名：*Allantodia baishanzuensis* Ching & P. S. Chiu, Acta Phytotax. Sin. 36: 375. 1998.

产地：江西龙南；浙江庆元。

分布：江西（徐国良和蔡伟龙，2020）、浙江、湖南。中国特有。

凭证标本：江西九连山保护区花露保护站附近，徐国良 JLS-6101（JNR）；浙江庆元百山祖，裴佩熹 3945（PE）。

中华双盖蕨 *Diplazium chinense* (Baker) C. Christensen, Index Filic. 229. 1905.

异名：中华短肠蕨 *Allantodia chinensis*（Baker）Ching, Acta Phytotax. Sin. 9（1）：57. 1964.

产地：福建南靖、福州、武夷山；江西高安、庐山、定南；浙江杭州、诸暨、鄞州、金华、丽水、乐清、安吉、遂昌、江山、开化；安徽黟县、祁门、休宁、石台；江苏宜兴。

分布：福建、江西、浙江、安徽、江苏、重庆（酉阳）、广东、广西、贵州、湖北、湖南、四川、台湾（屏东、台东）。日本、韩国、越南北部。

凭证标本：福建武夷山自然保护区桃源峪，周喜乐、金冬梅、王莹 ZXL05551（CSH）；江西宜丰县官山保护区大西坑，叶华谷、曾飞燕 LXP10-2880（IBSC）；浙江开化齐溪镇钱江源风景区，金摄郎、魏宏宇、张娇 JSL5835（CSH）；安徽祁门安凌镇广大村，金摄郎 JSL5517（CSH）。

边生双盖蕨 *Diplazium conterminum* Christ, J. Bot. 19: 67. 1905.

异名：边生短肠蕨 *Allantodia contermina*（Christ）Ching, Acta Phytotax. Sin. 9（1）：47. 1964; *A. allantodioides*（Ching）Ching, Acta Phytotax. Sin. 9（1）：47. 1964.

产地：福建南平、屏南、福清、武夷山；江西九江、崇义、芦溪、安远、龙南；浙江松阳、乐清、瑞安、平阳。

分布：福建、江西、浙江、重庆、广东、广西、贵州、湖南、四川、台湾、香港、云南。日本、泰国、越南。

凭证标本：福建武夷山自然保护区桃源峪，周喜乐、金冬梅、王莹 ZXL05555（CSH）；江西九江县庐山黄石岩，董安森 875（HUST）；浙江乐清雁荡山小龙湫，邢公侠、张朝芳、林尤兴 138（PE）。

厚叶双盖蕨 *Diplazium crassiusculum* Ching, Lingnan Sci. J. 15: 279. 1936.

产地：福建南平、德化、武夷山；江西安福、井冈山、遂川、上犹、崇义、安远、全南、龙南；浙江泰顺。

分布：福建、江西、浙江、广东、广西、贵州、湖南、台湾北部。日本。

凭证标本：福建南平茫荡山三千八百坎，严岳鸿、金摄郎、舒江平 JSL5206（CSH）；福建武夷山黄竹凹，裘佩熹 1513（PE）；江西崇义县齐云山三江口，严岳鸿、何祖霞 3527（HUST）；江西龙南县九连山大丘田，张宪春 陈拥军等 1829（PE）。

毛柄双盖蕨 *Diplazium dilatatum* Blume, Enum. Pl. Javae. 2: 194. 1828.

异名：毛柄短肠蕨 *Allantodia dilatata*（Blume）Ching, Acta Phytotax. Sin. 9（1）：54. 1964.

产地：福建南平、南靖、武夷山、龙岩；江西崇义；浙江平阳。

分布：福建南部、江西（严岳鸿等，2011）、浙江南部、澳门、重庆、广东、广西、贵州东部和南部、海南、湖南、四川、台湾、香港、云南。印度、印度尼西亚、日本南部、老挝、马来西亚、缅甸、尼泊尔、菲律宾、泰国、越南、澳大利亚热带地区、波利尼西亚。

凭证标本: 福建南平溪源大峡谷, 严岳鸿、金摄郎、舒江平 JSL5225(CSH); 福建龙岩市新罗区莲花山公园, 曾宪锋 ZXF23001(CZH); 江西崇义县齐云山自然保护区香炉坝, 严岳鸿、周喜乐、王兰英 4080(HUST)。

光脚双盖蕨 *Diplazium doederleinii* (Luerssen) Makino in C. Chr., Index Filic. 231. 1906.

异名: 光脚短肠蕨 *Allantodia doederleinii* (Luerssen) Ching, Acta Phytotax. Sin. 9(1): 47. 1964.

产地: 福建南靖、龙岩、诏安; 浙江鄞州、龙泉。

分布: 福建、浙江、广东、广西、贵州、海南、湖南、四川、台湾、香港、云南。日本、越南。

凭证标本: 福建南平市延平区莽荡镇, 严岳鸿、金摄郎、舒江平 JSL5169(CSH); 浙江龙泉市老鹰棚, 章绍尧 2745(PE)。

双盖蕨 *Diplazium donianum* (Mettenius) Tardieu, Asplén. Tonkin. 58. 1932.

产地: 福建南靖、长乐、宁德、南平、闽侯; 安徽歙县。

分布: 福建、安徽、重庆、广东、广西、贵州、海南、湖南、台湾、香港、云南。不丹、印度北部、日本、缅甸、尼泊尔、越南。

凭证标本: 福建南靖县和溪六斗山, 叶国栋 2265(PE)、张永田 80027(IBK)。

食用双盖蕨 *Diplazium esculentum* (Retzius) Swartz, J. Bot. (Schrader). 1801(2): 312. 1803.

异名: 菜蕨 *Callipteris esculenta* (Retzius) J. Smith ex T. Moore & Houlston, Gard. Mag. Bot. 3: 265. 1851.

产地: 福建南靖、龙岩、武夷山、顺昌; 江西武宁、庐山、德兴、新建、广丰、宜丰、宜黄、井冈山、遂川、瑞金、寻乌、全南、永修; 浙江杭州、桐庐、龙泉、庆元、乐清; 安徽黄山、祁门、歙县、太平。

分布: 福建、江西、浙江、安徽、澳门、广东、广西、贵州、河南、海南、湖北、湖南、四川、台湾、西藏、香港、云南。热带亚洲、波利尼西亚。

凭证标本: 福建南靖县和溪六斗山, 叶国栋 1813(PE, FJSI); 江西永修县艾城镇青山村, 谭策铭、谢国文 081198(JJF); 浙江乐清雁荡山, anonymous 3754(PE); 安徽黄山焦村镇汤加村, 金摄郎 JSL5349(CSH); 安徽祁门安凌镇赤岭村倪村组, 金摄郎 JSL5488(CSH)。

毛轴食用双盖蕨 *Diplazium esculentum* var. *pubescens* (Link) Tardieu & C. Christensen, Fl. Gén. Indo-Chine. 7(2): 270. 1940.

异名: 毛轴菜蕨 *Callipteris esculenta* var. *pubescens* (Link) Ching, Acta Phytotax. Sin.

9（4）: 350. 1964.

产地： 江西庐山、宜丰、芦溪；浙江。

分布： 江西、浙江、广西、贵州、海南、湖南、四川、西藏、云南。印度、缅甸、越南。

凭证标本： 江西宜丰县黄岗口，熊耀国 06230（LBG）；江西芦溪县，吴磊、祁世鑫 1285（HUST）；浙江乐清雁荡山龙西，邢公侠、张朝芳、林尤兴 264（PE）。

薄盖双盖蕨 *Diplazium hachijoense* Nakai, Bot. Mag. (Tokyo). 35: 148. 1921.

异名： 薄盖短肠蕨 *Allantodia hachijoensis*（Nakai）Ching, Acta Phytotax. Sin. 9（1）: 55. 1964.

产地： 福建南平、武夷山；江西庐山、井冈山、宜丰；浙江泰顺、江山；安徽休宁、祁门、潜山、石台。

分布： 福建、江西、浙江、安徽、重庆、广东、广西、贵州、湖南、四川。日本、韩国。

凭证标本： 福建武夷山桐木乡龙渡，裴佩熹 1991（PE）；江西宜丰县官山保护区东河保护站周边，叶华谷、曾飞燕 LXP10-2519（IBSC）；浙江江山市石门镇江郎山，金摄郎、舒江平、赵国华、张锐 JSL3063（CSH）；安徽祁门安凌镇广大村，金摄郎 JSL5502（CSH）；安徽石台大演乡牯牛降风景区，金摄郎 JSL5606（CSH）。

异裂双盖蕨 *Diplazium laxifrons* Rosenstock, Hedwigia. 56: 337. 1915.

异名： 异裂短肠蕨 *Allantodia laxifrons*（Rosenstock）Ching, Acta Phytotax. Sin. 9（1）: 55. 1964.

产地： 福建南靖；江西龙南。

分布： 福建、江西（徐国良，2021）、浙江、重庆、广东、广西、贵州、湖南、四川、台湾、西藏东南部、云南。不丹、印度、克什米尔地区、尼泊尔。

凭证标本： 福建南靖县南坑金竹后，anonymous 0631（PE）；江西龙南九连山保护区花露站附近，徐国良 JLS-7091（GNNU）。

阔片双盖蕨 *Diplazium matthewii* (Copeland) C. Christensen, Index Filic., Suppl. 1906-1912: 27. 1913.

异名： 阔片短肠蕨 *Allantodia matthewii*（Copeland）Ching, Acta Phytotax. Sin. 9（1）: 52. 1964.

产地： 福建龙岩、南靖；江西崇义。

分布： 福建、江西（严岳鸿等，2011）、广东、广西、湖南、香港。越南北部。

凭证标本： 福建龙岩市新罗区小池镇云顶茶园，曾宪锋 ZXF29057（CZH）；江西崇义县齐云山自然保护区香炉坝，严岳鸿、何祖霞 3867（HUST）。

大叶双盖蕨 *Diplazium maximum* (D. Don) C. Christensen, Index Filic. 235. 1905.

异名: 大叶短肠蕨 *Allantodia maxima*（D. Don）Ching, Acta Phytotax. Sin. 9(1): 53. 1964.

产地: 福建武夷山；江西遂川。

分布: 福建、江西、广西、贵州、海南、云南。不丹、印度、缅甸东北部、尼泊尔。

凭证标本: 福建武夷山桐木乡龙渡口山洞中，裘佩熹 2073(PE)；江西遂川县马尿寨，程景福 63260(PE)。

江南双盖蕨 *Diplazium mettenianum* (Miquel) C. Christensen, Index Filic. 236. 1905.

异名: 江南短肠蕨 *Allantodia metteniana*（Miquel）Ching, Acta Phytotax. Sin. 9(1): 51. 1964.

产地: 福建南平、屏南、永安；江西庐山、安福、井冈山、赣县、寻乌、全南、铅山；浙江鄞州、开化、遂昌、龙泉、庆元、平阳、文成、乐清、武义、江山；安徽潜山、石台。

分布: 福建、江西、浙江、安徽、重庆、广东、广西、贵州、海南、湖南、四川、台湾、香港、云南。日本、泰国北部、越南北部。

凭证标本: 福建武夷山自然保护区三港，周喜乐、金冬梅、王莹 ZXL05567(CSH)；浙江开化苏庄镇平坑村，金摄郎、魏宏宇、张娇 JSL5803(CSH)；安徽潜山天柱山风景区，顾钰峰、于俊浩 SG2415(CSH)。

小叶双盖蕨 *Diplazium mettenianum* var. *fauriei* (Christ) Tagawa, Acta Phytotax. Geobot. 1(1): 88. 1932.

异名: 小叶短肠蕨 *Allantodia metteniana* var. *fauriei*（Christ）Ching, Acta Phytotax. Sin. 9(1): 51. 1964.

产地: 福建德化、武夷山、将乐；江西井冈山、龙南、崇义；浙江杭州、鄞州、普陀、遂昌、松阳、庆元、文成、苍南、泰顺。

分布: 福建、江西、浙江、广东、广西。日本、越南北部。

凭证标本: 福建将乐县陇西山黑山火烧山，陇西山考察队 1315(PE)；江西井冈山市井冈山河西拢，程景福等六人 730260(PE)；浙江泰顺乌岩岭场部附近，裘佩熹、吴依平 6065(PE)；浙江杭州市仙霞岭，裘佩熹 63(PE)。

日本双盖蕨 *Diplazium nipponicum* Tagawa, Acta Phytotax. Geobot. 2: 197. 1933.

异名: 日本短肠蕨 *Allantodia nipponica*（Tagawa）Ching, Acta Phytotax. Sin. 9(1): 56. 1964.

产地: 浙江临安、江山；安徽祁门。

分布：浙江、安徽（韦宏金等，2019）。华东特有。

凭证标本：浙江临安西天目山，浙江植物资源普查队 29452（NAS）；浙江江山市老虎坑，裴佩熹 2127（PE）；安徽祁门县安凌镇五里拐村大洪岭古道，金摄郎 JSL5561（CSH）。

假耳羽双盖蕨 *Diplazium okudairai* Makino, Bot. Mag. (Tokyo). 20: 84. 1906.

异名：假耳羽短肠蕨 *Allantodia okudairai*（Makino）Ching, Acta Phytotax. Sin. 9（1）：49. 1964.

产地：江西永修；浙江景宁。

分布：江西、浙江（王宗琪等，2019）、重庆、贵州（安顺、贵阳）、湖北、湖南（吉首）、四川、台湾（南投）、云南（大关、绥江、镇雄）。日本、韩国。

凭证标本：浙江景宁县大均乡李宝村，王宗琪、梅旭东 18101607（浙江景宁县自然资源和规划局标本室）。

假镰羽双盖蕨 *Diplazium petrii* Tardieu, Asplén. Tonkin. 67. 1932.

异名：九龙山短肠蕨 *Allantodia jiulungshanensis* P. S. Chiu & G. Yao ex Ching, Bull. Bot. Res., Harbin 2（2）: 69-70, pl. 3, f. 1. 1982.

产地：福建福州；浙江遂昌。

分布：福建（温桂梅等，2020）、浙江、广东、广西、贵州、海南、湖南、台湾、云南。琉球群岛、菲律宾、越南北部。

凭证标本：福建福州市长乐区江田镇南阳村，陈炳华等 CBH03084（FNU）。

薄叶双盖蕨 *Diplazium pinfaense* Ching, Lingnan Sci. J. 15: 279. 1936.

产地：福建南靖、沙县、南平、武夷山；江西井冈山、安远、崇义、龙南、遂川；浙江龙泉、遂昌。

分布：福建、江西、浙江、重庆、广东、广西、贵州、湖北、湖南（吉首）、四川（峨眉山）、云南（马关）。日本。

凭证标本：福建南平建阳区黄坑桂林大队白果坑，武考队 1375（PE）；福建南平溪源大峡谷，严岳鸿、金摄郎、舒江平 JSL5228（CSH）；江西崇义县齐云山保护区龙背，严岳鸿、何祖霞 3697（HUST）；江西龙南县九连山新开迳，张宪春 陈拥军等 1808（PE）；浙江遂昌九龙山自然保护区罗汉源点，金摄郎、钟鑫、沈彬 JSL3479（CSH）。

毛轴双盖蕨 *Diplazium pullingeri* (Baker) J. Smith, Ferns Brit. For., ed. 2. 315. 1877.

异名：毛轴线盖蕨、毛子蕨 *Monomelangium pullingeri*（Baker）Tagawa, J. Jap. Bot. 12（8）: 539-540. 1936.

产地: 福建南靖、南平；江西遂川、龙南；浙江平阳、乐清。

分布: 福建、江西、浙江、广东、广西、贵州、海南、湖南、台湾、香港、云南。日本、越南。

凭证标本: 福建南靖县大岭村新寨后溪头，厦大采集队 1139(PE, AU)；福建南平市茫荡山，何国生 10281(PE)；江西遂川县马尿寨，程景福 63268(JXU)；浙江乐清市南雁荡山，张朝芳、王若谷 7421(PE)。

鳞柄双盖蕨 *Diplazium squamigerum* (Mettenius) C. Hope, J. Bombay Nat. Hist. Soc. 14: 259. 1902.

异名: 鳞柄短肠蕨 *Allantodia squamigera*（Mettenius）Ching, Acta Phytotax. Sin. 9(1): 55. 1964.

产地: 福建武夷山；江西庐山、修水、铅山；浙江安吉、临安、淳安、遂昌、龙泉、庆元、缙云、开化；安徽黄山、九华山、潜山、泾县、宣城、岳西、石台；江苏宜兴。

分布: 福建、江西、浙江、安徽、江苏、重庆、甘肃、广西、贵州、河南、湖北、山西、四川、台湾、西藏、云南。印度北部、克什米尔地区、日本、韩国、尼泊尔。

凭证标本: 江西庐山莲花台，董安森 1930(JJF)；浙江遂昌县九龙山内九龙，姚关琥 5983(PE)；浙江临安西天目山，金摄郎、张锐、刘莉 JSL4258(CSH)；安徽黄山风景区，金摄郎 JSL5249(CSH)；江苏宜兴茗岭，刘昉勋、王名金、黄志远 2375(HHBG)。

淡绿双盖蕨 *Diplazium virescens* Kunze, Bot. Zeitung (Berlin). 6: 537. 1848.

异名: 淡绿短肠蕨 *Allantodia virescens*（Kunze）Ching, Acta Phytotax. Sin. 9(1): 53. 1964.

产地: 福建南靖、福清、福州、永泰、德化、南平、屏南；江西庐山、铜鼓、遂川、瑞金、会昌、寻乌、安远、全南、定南、万载；浙江庆元、乐清、泰顺、龙泉；安徽祁门、黟县。

分布: 福建、江西、浙江、安徽、重庆、广东、广西、贵州、海南、湖北、湖南、四川、台湾、香港、云南。日本、韩国、越南。

凭证标本: 福建南平茫荡山三千八百坎，严岳鸿、金摄郎、舒江平 JSL5144、JSL5152(CSH)；江西铅山县武夷山篁碧，谭策铭、易桂花、程林 091245(SZG)。

耳羽双盖蕨 *Diplazium wichurae* (Mettenius) Diels in Engler & Prantl, Nat. Pflanzenfam. 1(4): 226. 1899. 49. 1964.

产地: 福建武夷山、屏南、泰宁；江西庐山、永修、宜黄；浙江杭州、桐庐、开化、衢县、东阳、仙居、乐清、文成、宁波；安徽潜山、祁门、宁国、休宁、石台；江苏宜兴。

分布：福建、江西、浙江、安徽、江苏、重庆、广东、广西、贵州、湖南、四川、台湾、云南、浙江。日本、韩国（济州岛）。

凭证标本：福建屏南鸳鸯溪风景区，顾钰峰、金冬梅、魏宏宇 SG2347（CSH）；江西九江市庐山，熊耀国 07080（PE）；浙江江山市石门镇江郎山，金摄郎、舒江平、赵国华、张锐 JSL3094（CSH）；安徽祁门安凌镇广大村，金摄郎 JSL5511（CSH）；江苏宜兴龙池山，刘启新等 219（NAS）。

龙池双盖蕨 *Diplazium wichurae* var. *parawichurae* (Ching) Z. R. He, Fl. China. 2&3: 516. 2013.

异名： *Allantodia parawichurae* Ching, Fl. Jiangsu. 1: 465. 1977; *A. wichurae* var. *parawichurae* (Ching) W. M. Chu & Z. R. He, Fl. Reipubl. Popularis Sin. 3 (2): 408. 1999.

产地：江苏宜兴。

分布：江苏（宜兴）、湖南。中国特有。

凭证标本：江苏宜兴龙池水竹山，刘昉勋、黄致远 2864（NAS）。

假江南双盖蕨 *Diplazium yaoshanense* (Y. C. Wu) Tardieu

产地：福建三明。

分布：福建（新记录）、广东、广西。琉球群岛、越南南部。

凭证标本：福建三明市仙人谷，金摄郎 JSL7310（CSH）。

中日双盖蕨 *Diplazium × kidoi* Sa. Kurata, J. Geobot. 10: 68. 1961.

产地：福建泰宁。

分布：福建、湖南（石门、桑植）。日本（九州、屋久岛）。

凭证标本：福建泰宁猫儿山，严岳鸿、金摄郎、黄艳波 TN42503。

肿足蕨科 Hypodematiaceae

肿足蕨属 *Hypodematium* Kunze

肿足蕨 *Hypodematium crenatum* (Forsskål) Kuhn & Decken, Reisen. Ost-Afr. 3(3): 37. 1879.

产地: 江西九江、瑞昌、修水；浙江衢州；安徽休宁、石台；山东微山。

分布: 江西、浙江、安徽、山东、北京、重庆、甘肃东部、广东、广西、贵州、河南、湖南、四川、台湾、云南。印度北部、日本、马来西亚、缅甸、菲律宾、非洲。

凭证标本: 江西九江市庐山张家山，董安森 1559（JJF，SZG）；安徽休宁齐云山镇齐云山风景区，金摄郎 JSL5444（CSH）；山东微山县两城镇南薄前村大顶子山，郭成勇、侯元兔、于慧莹、史成成、王彩虹、毕行风 3708261408100012LY（QFNU）。

福氏肿足蕨 *Hypodematium fordii* (Baker) Ching, Icon. Filic. Sin. 3: t. 122. 1935; Sunyatsenia 3(1): 12. 1935.

产地: 福建龙岩；江西庐山、萍乡、修水；安徽宣城、霍山；江苏句容、镇江。

分布: 福建、江西、安徽、江苏、广东、广西、贵州、湖南。日本。

凭证标本: 江西萍乡南源乡西安村，熊耀国 08320（790）（LBG）；安徽霍山县佛子岭，邓懋彬 81867（NAS）。

球腺肿足蕨 *Hypodematium glanduloso-pilosum* (Tagawa) Ohwi, Bull. Natl. Sci. Mus., Tokyo, n. s. 3: 98. 1956.

产地: 浙江杭州、开化、建德；安徽祁门、石台；江苏句容、南京；山东塔山。

分布: 浙江、安徽（韦宏金等，2019）、江苏、山东、广西、河南。日本、韩国、泰国。

凭证标本: 浙江建德市寿昌上仓，浙江植物资源普查队 27671（HHBG）；浙江临安清凉峰镇浪广村，金摄郎、魏宏宇、张娇 JSL6155（CSH）；安徽祁门县安凌镇大洪岭林场，金摄郎 JSL5521（CSH）；江苏句容宝华山，金冬梅、魏宏宇、陈彬 CFH09000382（CSH）。

修株肿足蕨 *Hypodematium gracile* Ching, Fl. Tsinling. 2: 220. 1974.

产地: 安徽宣城、池州；江苏宜兴；山东泰山、枣庄、济宁、临沂。

分布: 江西、浙江、安徽、江苏、山东、北京、河北、河南、湖南、陕西。中国特有。

凭证标本: 安徽池州九华山,刘晓龙 0008(HUST);江苏宜兴市张公洞后洞,金岳杏、兰永珍 75064(PE);山东济宁邹城市田黄镇朝阳寺村凤凰山,郭成勇,侯元免,侯春丽,孙卫卫,高会芳 160168-1(QFNU)。

光轴肿足蕨 *Hypodematium hirsutum* (D. Don) Ching, Indian Fern J. 1(1-2): 49. 1985.

产地: 浙江临安;安徽休宁。

分布: 浙江(新记录)、安徽(韦宏金等,2017)、甘肃(康县、文县)、广东、贵州(赫章)、河南西部、湖北、湖南、陕西(宁陕)、四川、西藏、云南。不丹、印度、缅甸、尼泊尔。

凭证标本: 浙江临安龙岗镇群沃村,金摄郎、魏宏宇、张娇 JSL5914(CSH);安徽休宁齐云山镇齐云山风景区,金摄郎 JSL5442(CSH);安徽铜陵市凤凰山,刘晓龙 0031(HUST)。

山东肿足蕨 *Hypodematium sinense* K. Lwatsuki, Acta Phytotax. Geobot. 21: 54. 1964.

产地: 江苏南京(浦口)、徐州;山东泰山、千佛山、蒙山、枣庄、济宁。

分布: 江苏、山东。华东特有。

凭证标本: 江苏省铜山县中山,叶康等 536(NAS);山东济南千佛山,李法曾 84(PE)。

鳞毛肿足蕨 *Hypodematium squamuloso-pilosum* Ching, Fl. Jiangsu. 1: 465. 1977.

异名: 宜兴肿足蕨 *Hypodematium squamuloso-pilosum* var. *ishingensis* Y. C. Lan, Fl. Kiangsu 1: 466. 1977.

产地: 福建将乐、上杭;江西萍乡;浙江临安、建德、诸暨、金华;安徽铜陵;江苏盱眙、徐州、苏南地区;山东塔山、昆嵛山、济宁。

分布: 福建、江西、浙江、安徽、江苏、山东、北京、贵州(铜仁)、河北、湖北、湖南、山西。中国特有。

凭证标本: 福建上杭县苏家坡,梅花山队 005(IBSC);江苏宜兴善卷,刘启新等 040(NAS);江苏徐州铜山县中山,叶康等 519(NAS);山东济宁邹城市郭里镇前黄村南马山,侯元同,郭成勇,陈玉峰 12010415(QFNU)。

鳞毛蕨科 Dryopteridaceae

复叶耳蕨属 *Arachniodes* Blume

斜方复叶耳蕨 *Arachniodes amabilis* (Blume) Tindale, Contr. New South Wales Natl. Herb. 3(1): 90. 1961.

产地：福建南靖、德化、福州、南平、永安、邵武、武夷山、屏南；江西各地；浙江杭州、淳安、桐庐、诸暨、鄞州、宁波、舟山、开化、江山、金华、遂昌、松阳、龙泉、庆元、缙云、乐清、温州、文成、泰顺、武义；安徽黄山、九华山、祁门、休宁、潜山、石台；江苏宜兴、溧阳；上海崇明、金山、松江。

分布：福建、江西、浙江、安徽、江苏、上海、重庆、广东、广西、贵州、海南、湖北、湖南、四川、台湾、香港、云南。印度南部、印度尼西亚、日本、韩国、尼泊尔、菲律宾、斯里兰卡。

凭证标本：福建南平茫荡镇茂地村，严岳鸿、金摄郎、舒江平 JSL5135（CSH）；江西婺源县江湾镇江湾，谭策铭 101031（JJF）；浙江临安西天目山，金摄郎、张锐、刘莉 JSL4341（CSH）；安徽祁门安凌镇广大村，金摄郎 JSL5498（CSH）；江苏溧阳市深溪岕，刘启新等 SXK080（NAS）。

美丽复叶耳蕨（多羽复叶耳蕨） *Arachniodes amoena* (Ching) Ching, Acta Bot. Sin. 10: 256. 1962.

产地：福建南靖、上杭、长汀、南平、武夷山、屏南；江西庐山、铅山、井冈山、遂川、寻乌；浙江杭州、开化、江山、天台、遂昌、龙泉、庆元、缙云、文成、武义；安徽休宁、宁国、宣城、石台。

分布：福建、江西、浙江、安徽、广东、广西、贵州、湖南。中国特有。

凭证标本：福建武夷山自然保护区挂墩，周喜乐、金冬梅、王莹 ZXL05515（CSH）；江西芦溪县武功山，吴磊、祁世鑫 1401（HUST）；浙江九龙山罗汉源保护站，韦宏金、钟鑫、沈彬 JSL3435（CSH）；安徽石台县仙寓镇仙寓山风景区，金摄郎、商辉、莫日根高娃、罗俊杰 SG1981（CSH）。

刺头复叶耳蕨 *Arachniodes aristata* (G. Forster) Tindale, New South Wales Natl. Herb. 3(1): 89. 1961.

产地：福建各地；江西庐山、铜鼓、奉新、宜丰、铅山、萍乡、安福、资溪、井冈山、安远；浙江杭州、安吉、宁波、舟山、开化、江山、金华、遂昌、龙泉、乐清、洞头、瑞安、泰顺、平阳、苍南；安徽黄山、歙县、祁门、休宁、潜山、太平、石台；江苏宜兴、溧阳；山东崂山；上海金山、松江。

分布：福建、江西、浙江、安徽、江苏、山东、上海、广东、广西、贵州、河南、湖南、台湾、云南。印度、日本、韩国、马来西亚、尼泊尔、菲律宾、澳大利亚、太平洋岛屿。

凭证标本：福建南平市延平区茫荡山三千八百坎坎头，严岳鸿、金摄郎、舒江平 JSL5156（CSH）；江西九江县庐山古道，谭策铭 03400（HUST）；浙江开化县齐溪镇钱江源风景区，金摄郎、魏宏宇、张娇 JSL5809（CSH）；安徽黄山风景区，金摄郎 JSL5311（CSH）。

粗齿黔蕨 *Arachniodes blinii* (H. Lév.) T. Nakaike, J. Phytogeogr. Taxon. 49: 9. 2001.

异名：*Phanerophlebiopsis blinii*（H. Lév.）Ching, Acta Phytotax. Sin. 10（2）：117, t. 21, f. 1-4. 1965.

产地：江西井冈山。

分布：江西、重庆、广东、广西、贵州、湖南。中国特有。

凭证标本：江西井冈山市小溪洞至五指峰沿途，杨祥学、陆尚志等 730388（PE）。

大片复叶耳蕨 *Arachniodes cavaleriei* (Christ) Ohwi, J. Jap. Bot. 37: 76. 1962.

产地：福建南靖、连城、龙岩、德化、南平、武夷山；江西寻乌；浙江临安；安徽金寨、霍山。

分布：福建、江西、浙江、安徽、广东、广西、贵州、海南、湖北、湖南、云南。泰国北部、日本、越南。

凭证标本：福建南平市三千八百坎，何国生 1656（FJSI）；福建武夷山自然保护区生态定位站，周喜乐、金冬梅、王莹 ZXL05579（CSH）。

中华复叶耳蕨（尾叶复叶耳蕨）*Arachniodes chinensis* (Rosenstock) Ching, Acta Bot. Sin. 10: 257. 1962.

产地：福建南靖、龙岩、福州、南平、德化、武夷山、屏南；江西武宁、贵溪、萍乡、井冈山、遂川、石城、龙南、安远、寻乌、庐山、崇义、大余、铅山；浙江金华、开化、江山、遂昌、松阳、龙泉、庆元、缙云、乐清、文成、泰顺、苍南、武义。

分布：福建、江西、浙江、安徽、澳门、重庆、广东、广西、贵州、海南、湖南、四川、台湾、云南。印度尼西亚、日本、马来西亚、泰国、越南。

凭证标本：福建武夷山自然保护区桃源峪，周喜乐、金冬梅、王莹 ZXL05537（CSH）；江西芦溪县武功山，吴磊、祁世鑫 1363（HUST）；浙江开化古田山自然保护区（景区–青尖），金摄郎、魏宏宇、张娇 JSL5760、

JSL5784（CSH）。

华南复叶耳蕨 *Arachniodes festina* (Hance) Ching, Acta Bot. Sin. 10: 257. 1962.

产地： 福建武夷山、将乐；江西安福、井冈山、寻乌、庐山；浙江江山、开化。

分布： 福建、江西、浙江、广东、广西、贵州、河南、湖南、四川、台湾、云南。越南。

凭证标本： 福建将乐县陇西山黑山，陇西山考察队 0953（PE）；江西井冈山五指峰河西坳，熊杰 3182（LBG）；江西芦溪县武功山，吴磊、祁世鑫 1310（HUST）。

假斜方复叶耳蕨 *Arachniodes hekiana* Sa. Kurata, J. Geobot. 13: 99. 1965.

产地： 福建上杭、南平、武夷山、宁洋、连城；江西玉山；浙江临安、鄞州、江山、遂昌、松阳、龙泉、文成、泰顺、庆元；安徽黄山、九华山、石台；江苏宜兴。

分布： 福建、江西（新记录）、浙江、安徽、江苏、重庆、广东、广西、贵州、湖南、四川、云南。日本。

凭证标本： 福建上杭县步云乡桂和村上桂和，陈恒彬 1689（FJSI）；江西上饶市玉山县三清山，商辉、顾钰峰 SG249（CSH）；浙江遂昌九龙山自然保护区罗汉源点，金摄郎、钟鑫、沈彬 JSL3484（CSH）；安徽石台大演乡牯牛降风景区，金摄郎 JSL5695（CSH）。

缩羽复叶耳蕨 *Arachniodes japonica* (Sa. Kurata) Nakaike, Enum. Pterid. Jap., Filic. 188. 1975.

异名： *Arachniodes reducta* Y. T. Hsieh & Y. P. Wu, Bull. Bot. Res., Harbin 4（2）: 105, f. 2. 1984; 渐尖复叶耳蕨 *Arachniodes gradata* Ching, Bull. Bot. Res., Harbin 6（3）: 39. 1986; 南靖复叶耳蕨 *Arachniodes nanqingensis* Ching, Bull. Bot. Res., Harbin 6（3）: 38. 1986.

产地： 福建南靖；浙江泰顺、庆元、开化。

分布： 福建、浙江南部、广东、湖南。日本。

凭证标本： 福建南靖县和溪六斗山，叶国栋 1840（PE）；浙江开化苏庄镇平坑村，金摄郎、魏宏宇、张娇 JSL5804（CSH）；浙江庆元县五岭坑，张朝芳 6864（PE）。

毛枝蕨 *Arachniodes miqueliana* (Maximowicz ex Franchet & Savatier) Ohwi, J. Jap. Bot. 37: 76. 1962.

异 名： *Leptorumohra miqueliana* （Maximowicz ex Franchet & Savatier）H. Itô, Nov. Fl. Jap. 4: 119. 1939.

产地： 江西庐山、武功山；浙江安吉、临安、淳安；安徽黄山、九华山、歙县、金寨、舒城、绩溪、潜山、岳西、石台。

分布：江西、浙江、安徽、重庆、贵州、湖南、吉林、辽宁、四川、云南。日本、韩国。

凭证标本：江西庐山黄龙潭，秦仁昌 11205（LBG）；江西安福县武功山观音岩，程景福 65736（PE）；浙江临安西天目山仙人顶，金摄郎、张锐、刘莉 JSL4304（CSH）；安徽金寨天堂山，张宪春 3715（PE）；安徽舒城晓天镇万佛山，金摄郎 JSL4596、JSL4604（CSH）。

贵州复叶耳蕨 Arachniodes nipponica (Rosenstock) Ohwi, J. Jap. Bot. 37: 76. 1962.

产地：江西上饶、武功山、萍乡、德兴；浙江临安、遂昌、泰顺。

分布：江西、浙江、重庆、广东、贵州、湖南、四川、云南。日本。

凭证标本：江西武功山观音岩，江西调查队 1196（PE）；浙江遂昌县九龙山内阴坑，姚关琥 5889（PE）；浙江临安清凉峰自然保护区，金摄郎、魏宏宇、张娇 JSL5956（CSH）。

四回毛枝蕨 Arachniodes quadripinnata (Hayata) Serizawa, J. Jap. Bot. 61: 53. 1986.

产地：江西庐山；安徽祁门。

分布：江西、安徽、重庆、广西、贵州、四川、台湾、云南。日本。

凭证标本：江西庐山，条形码 00001534（复旦大学）；安徽祁门安凌镇五里拐村大洪岭古道，金摄郎 JSL5562（CSH）。

相似复叶耳蕨（同羽复叶耳蕨）Arachniodes similis Ching, Bull. Bot. Res., Harbin. 6(3): 19. 1986.

产地：浙江泰顺、龙泉。

分布：浙江、广东（河源）。中国特有。

凭证标本：浙江泰顺县乌岩岭万斤窑，裴佩熹、吴依平 6317（PE）；浙江龙泉市百山祖，裴佩熹 4256（PE）。

长尾复叶耳蕨（异羽复叶耳蕨）Arachniodes simplicior (Makino) Ohwi, J. Jap. Bot. 37: 76. 1962.

产地：福建南平、屏南、武夷山、泰宁；江西庐山、武功山、瑞昌、玉山、铅山、吉安、上饶、武宁、安远、寻乌、龙南；浙江杭州、淳安、安吉、建德、桐庐、诸暨、开化、江山、金华、遂昌、龙泉、庆元、缙云、武义、鄞州；安徽黄山、九华山、歙县、祁门、黟县、休宁、金寨、潜山、马鞍山；江苏溧阳；上海崇明、金山、松江。

分布：福建、江西、浙江、安徽、江苏、上海、重庆、甘肃东南部、广东、广西、贵州、河南、湖北、湖南、陕西南部、四川、西藏西南部、云南。日本。

凭证标本：福建泰宁县龙安公社东边后山，李明生 385(PE)；江西安福县武功山，严岳鸿、周劲松 3228(HUST)；浙江开化县齐溪镇钱江源自然保护区，金摄郎、魏宏宇、张娇 JSL5814(CSH)；安徽岳西主簿镇枯井园自然保护区，金摄郎 JSL3002(CSII)。

华西复叶耳蕨 *Arachniodes simulans* (Ching) Ching, Acta Bot. Sin. 10: 259. 1962.

产地：江西庐山、修水、井冈山、铅山、弋阳；浙江淳安；安徽岳西。

分布：江西、浙江、安徽、重庆、甘肃东南部、贵州、湖北、湖南、陕西南部、四川、云南。不丹、印度、越南、日本。

凭证标本：江西铅山武夷山篁碧大郎坑，严岳鸿、魏作影、夏增强 YYH15263(CSH)；浙江淳安县马公社麓心尖，洪林 1427(HUST)；安徽岳西古井园自然保护区，金摄郎 JSL4587(CSH)。

无鳞毛枝蕨 *Arachniodes sinomiqueliana* (Ching) Ohwi, J. Jap. Bot. 37: 76. 1962.

异名：*Leptorumohra sinomiqueliana* (Ching) Tagawa, Acta Phytotax. Geobot. 8(4): 232. 1939.

产地：江西庐山；浙江遂昌。

分布：江西、浙江、重庆、贵州、湖南、四川中西部、云南东北部。日本。

凭证标本：江西庐山神龙宫，熊耀国 9824(NAS)；浙江遂昌县九龙山枫树坪小坞，姚关琥 5830(PE)。

美观复叶耳蕨 *Arachniodes speciosa* (D. Don) Ching, Acta Bot. Sin. 10: 259. 1962.

产地：福建南靖、诏安；江西崇义、大余；浙江杭州、建德、舟山、宁波、开化、乐清、淳安、诸暨、金华、遂昌、庆元、文成、磐安；安徽黄山、铜陵、祁门、石台；江苏宜兴；上海金山、松江。

分布：福建、江西、浙江、安徽、江苏、上海、重庆、甘肃东南部、广东、广西、贵州、海南、湖北西部、湖南、四川、台湾、云南。不丹、印度、日本、尼泊尔、巴布亚新几内亚、泰国、越南。

凭证标本：江西大余县左拔大坪山，岳俊三等 1614(NAS)；浙江磐安县天网乡张圩，洪林 2670(HHBG)；安徽祁门安凌镇大洪岭林场，金摄郎 JSL5551(CSH)；安徽石台仙寓镇仙寓山风景区，金摄郎、商辉、莫日根高娃、罗俊杰

SG1984（CSH）。

紫云山复叶耳蕨 *Arachniodes ziyunshanensis* Y. T. Hsieh, Acta Phytotax. Sin. 22: 162. 1984.

产地：江西庐山；浙江杭州、遂昌、开化；安徽黄山、歙县、祁门、石台。

分布：江西、浙江、安徽（韦宏金等，2020）、重庆、广西、贵州、湖南、四川、云南。中国特有。

凭证标本：江西九江庐山铁佛寺，谭策铭、易发彬、易腊梅、李银枝03181（HUST）；浙江九龙山自然保护区罗汉源保护站，韦宏金、钟鑫、沈彬JSL3414（CSH）；浙江临安西天目山，金摄郎、张锐、刘莉JSL4320（CSH）；安徽黄山国家森林公园，金摄郎JSL5339、JSL5343（CSH）。

实蕨属 *Bolbitis* Schott

华南实蕨 *Bolbitis subcordata* (Copeland) Ching in C. Chr., Index Filic., Suppl. 3: 50. 1934.

产地：福建福清、福州、永泰、南靖、龙岩、南平、屏南；江西全南、崇义；浙江乐清、泰顺、平阳、苍南。

分布：福建、江西、浙江、澳门、广东、广西、贵州、海南、湖南、台湾、香港、云南。日本、越南。

凭证标本：福建宁德屏南县九都，苏享修CSH14790（CSH）；江西全南县茅山新桥，程景福64435（PE，JXU）；浙江平阳县南雁荡山，张朝芳、王若谷7429（PE）。

肋毛蕨属 *Ctenitis* (C. Christensen) C. Christensen

二型肋毛蕨 *Ctenitis dingnanensis* Ching, Acta Phytotax. Sin. 19: 122. 1981.

产地：福建南平、泰宁；江西寻乌、安远、定南、九江；浙江临安、景宁。

分布：福建（新记录）、江西、浙江（王宗琪等，2018）、广东。中国特有。

凭证标本：福建三明泰宁县，商辉、顾钰峰SG103（CSH）；江西九江县岷山大塘，董安森1682（JJF）；浙江临安西天目山，金摄郎、张锐、刘莉JSL4348（CSH）；浙江景宁县大均乡伏坑村大北坑，王宗琪17032103（浙江省景宁县林业局标本馆）。

直鳞肋毛蕨 *Ctenitis eatonii* (Baker) Ching, Bull. Fan Mem. Inst. Biol., Bot. 8: 291. 1938.

产地：江西波阳、上犹、崇义。

分布：江西、重庆、广东、广西、贵州、湖北、湖南、四川、台湾。日本南部。

凭证标本: 江西上犹县陵水树木园，赣南采集队 927(PE) ; 江西崇义县齐云山保护区上堡，严岳鸿、周喜乐、王兰英 3972(HUST)。

厚叶肋毛蕨 *Ctenitis sinii* (Ching) Ohwi, Fl. Japan Pterid. 92. 1957.

异名: 三相蕨 *Ataxipteris sinii* (Ching) Holttum, Blumea 30(1): 10-11, f. 1f, t. 1c, e, f. 1984.

产地: 福建南平、厦门、武夷山；江西龙南；浙江泰顺。

分布: 福建、江西、浙江、广东、广西、湖南。日本。

凭证标本: 福建南平茫荡镇纹浆村 – 小楠坪村，严岳鸿、金摄郎、舒江平 JSL5175(CSH) ; 福建, anonymous 401772(PE) ; 江西龙南九连山梅花落地，张宪春、陈拥军等 1927(PE) ; 浙江泰顺洋溪公社林场，张朝芳 9171(PE)。

亮鳞肋毛蕨 *Ctenitis subglandulosa* (Hance) Ching, Bull. Fan Mem. Inst. Biol., Bot. 8: 302. 1938.

异名: 虹鳞肋毛蕨 *Ctenitis rhodolepis* (C. B. Clarke) Ching, Bull. Fan Mem. Inst. Biol., Bot. 8(5): 300-302. 1938.

产地: 福建南靖、福清、福州、永泰、武夷山、德化、将乐；江西安远、崇义、龙南；浙江乐清、泰顺、苍南、淳安、建德、开化。

分布: 福建、江西、浙江、重庆、广东、广西、贵州、海南、湖北、湖南、四川、台湾、云南。不丹、印度、马来西亚、菲律宾、越南、亚洲东南部。

凭证标本: 福建将乐县陇西山，陇西山考察队 1267(PE) ; 江西龙南县九连山，张宪春、陈拥军等 1805(PE) ; 浙江泰顺洋溪林场，张朝芳 9163(PE)。

贯众属 *Cyrtomium* C. Presl

刺齿贯众 *Cyrtomium caryotideum* (Wall. ex Hook. & Grev.) C. Presl, Tent. Pterid. 86. 1836.

产地: 江西井冈山、安福。

分布: 江西、重庆、甘肃南部、广东北部、广西、贵州、湖北西部、湖南、陕西南部、四川西部和西南部、台湾、西藏(波密、吉隆、墨脱)、云南。不丹、印度、日本、尼泊尔、巴基斯坦、菲律宾、越南。

凭证标本: 江西井冈山，胡雪华 93036(井冈山大学) ; 江西安福县武功山林场，严岳鸿，周劲松 3248(HUST)。

密羽贯众 *Cyrtomium confertifolium* Ching & K. H. Shing, Acta Phytotax. Sin., Addit. 1: 24. 1965.

产地: 江西庐山；浙江龙泉。

分布：江西、浙江、贵州（万山）、湖南西部。中国特有。

凭证标本：江西庐山黄龙寺前林阴地，赵保惠等 00207（PE）；江西九江，梁同军 LS20160062（CSH）。

福建贯众 *Cyrtomium conforme* Ching, Acta Phytotax. Sin., Addit. 1: 23. 1965.

产地：福建连城。

分布：福建。华东特有。

凭证标本：福建连成县下朱地，林镕（00044508）（PE）。

披针贯众 *Cyrtomium devexiscapulae* (Koidzumi) Koidzumi & Ching, Bull. Chin. Bot. Soc. 2(2): 96. 1936.

异名：无齿贯众 Cyrtomium integrum Ching & K. H. Shing ex K. H. Shing, Acta Phytotax. Sin., Addit. 1: 12. 1965.

产地：福建南平、沙县、连城、将乐；江西武宁、萍乡、龙南；浙江舟山、温州、泰顺、平阳。

分布：福建、江西、浙江、重庆（城口）、广东、广西、贵州（荔波、黎平、三都）、四川（屏山）、台湾。日本、韩国、越南北部。

凭证标本：福建南平市，商辉、刘子玥 SG1045（CSH）；江西龙南县安基山，谭策铭 9604189（NAS）；浙江舟山普陀区普陀岛，葛斌杰、王正伟、苏永欣 GBJ00965（CSH）。

全缘贯众 *Cyrtomium falcatum* (Linnaeus f.) C. Presl, Tent. Pterid. 86. 1836.

异名：阴山贯众 Cyrtomium yiangshanense Ching & Y. C. Lang, Fl. Jiangsu（Jiangsu Zhi Wu Zhi）1: 59. 466. f. 85. 1977.

产地：福建东山、厦门、长乐、古田；浙江舟山、瑞安、平阳、苍南；江苏连云港、南通；山东崂山、威海、石岛、胶南、枣庄；上海崇明、金山。

分布：福建、浙江、江苏、山东、上海、广东、辽宁、台湾、香港。中南半岛、日本、韩国、波利尼西亚、留尼汪岛、北美洲、非洲南部、欧洲（引进，已本土化）。

凭证标本：福建古田县富达村，兰艳黎 07150（HUST）；浙江平阳县鳌江镇南麂岛，葛斌杰、钟鑫、商辉、刘子玥 GBJ05147（CSH）；山东青岛崂山，李建秀 017-4（CDBI）。

贯众 *Cyrtomium fortunei* J. Smith, Ferns Brit. For. 286. 1866.

异名：宽羽贯众 Cyrtomium fortunei f. latipinna Ching, Icon. Filic. Sin. 3: , pl. 126, f. 2. 1935; 山东贯众 C. shandongense J. X. Li, Bull. Bot. Res., Harbin 4（2）: 142., f. 1. 1984.

产地: 福建南靖、长汀、宁化、德化、南平、邵武、武夷山、屏南；江西各地；浙江山地丘陵；安徽皖南山区、大别山区；江苏各地；山东肥城、济南、费县、平邑、泰安；上海崇明、奉贤、嘉定、金山、浦东、青浦、松江、静安、徐汇、杨浦。

分布: 福建、江西、浙江、安徽、江苏、山东、上海、重庆（奉节、南川）、甘肃南部、广东、广西、贵州、河北（南五台山）、河南、湖北、湖南、陕西、山西、四川、台湾、云南。印度（曼尼普尔邦）、日本、韩国南部、尼泊尔、泰国、越南北部，逃逸至欧洲和北美并已归化。

凭证标本: 福建屏南白水洋风景区，顾钰峰、金冬梅、魏宏宇 SG2229（CSH）；江西庐山植物园附近，姚淦 8652（NAS）；浙江武义牛头山，商辉、张锐、于俊浩 SG2962（CSH）；安徽祁门安凌镇牯牛降自然保护区，金摄郎 JSL5494（CSH）。

小羽贯众 *Cyrtomium lonchitoides* (Christ) Christ, Bull. Acad. Int. Géogr. Bot. 11: 264. 1902.

产地: 山东济南。

分布: 山东（李晓娟等，2016）、甘肃（文县）、广西、贵州、河南（鲁山）、湖南、四川、西藏、云南。中国特有。

凭证标本: 山东济南黄石崖，李建秀 201508（SDCM）。

大叶贯众 *Cyrtomium macrophyllum* (Makino) Tagawa, Acta Phytotax. Geobot. 3(2): 62. 1934.

产地: 江西武宁、萍乡、莲花、井冈山；安徽金寨。

分布: 江西、安徽、重庆、甘肃（康县、文县）、贵州、湖北、湖南、陕西（平利）、四川、台湾、西藏（波密、樟木）、云南。不丹、印度、日本、克什米尔地区、尼泊尔、巴基斯坦。

凭证标本: 江西井冈山小溪沟至五指峰途中，程景福等 730383（PE，JXU）；江西莲花县庙前公社，赖书绅 1585（PE）；安徽金寨天堂寨风景区，金摄郎 JSL3387（CSH）。

阔羽贯众 *Cyrtomium yamamotoi* Tagawa, Acta Phytotax. Geobot. 7(3): 187. 1938.

异名: *Cyrtomium yamamotoi* var. *intermedium* (Diels) Ching & K. H. Shing, Acta Phytotax. Sin, Addit. 1: 29. 1965.

产地: 江西九江、武宁、铜鼓、萍乡；浙江临安、遂昌；安徽黄山、黟县、祁门、休宁、石台、金寨、舒城、绩溪。

分布：江西、浙江、安徽、重庆、甘肃南部、广东、广西、贵州、河南、湖北（建始、均县）、湖南（大庸、石门）、陕西南部、四川、台湾、云南。日本。

凭证标本：浙江昌化龙塘山，邓，黄，袁，叶，黄 4498（PE）；浙江临安西天目山，金摄郎、张锐、刘莉 JSL4274（CSH）；安徽黄山风景区，金摄郎 JSL5285（CSH）。

鳞毛蕨属 *Dryopteris* Adanson

暗鳞鳞毛蕨 *Dryopteris atrata* (Wallich ex Kunze) Ching, Sinensia. 3: 326. 1933.

产地：福建上杭、德化、武夷山、南平、屏南、顺昌；江西铅山、井冈山、靖安；浙江建德；安徽黟县、休宁、祁门、金寨、遂昌；江苏宜兴、溧阳。

分布：福建、江西、浙江、安徽、江苏、山东、甘肃、广东、广西、贵州、海南、湖北、湖南、陕西、山西、四川、台湾、西藏、云南。印度、斯里兰卡、不丹、尼泊尔、缅甸、泰国、中南半岛。

凭证标本：福建顺昌县天台山，李明生、李振宇 4351（PE）；江西井冈山市牯岭，严岳鸿 3261（HUST）；安徽祁门安凌镇广大村，金摄郎 JSL5506（CSH）。

阔鳞鳞毛蕨 *Dryopteris championii* (Bentham) C. Christensen ex Ching, Sinensia. 3: 327. 1933.

产地：福建厦门、福州、连城、长汀、德化、南平、邵武、武夷山、屏南；江西各地；浙江山地丘陵；安徽黄山、九华山、歙县、黟县、祁门、休宁、潜山、石台、铜陵、马鞍山、岳西、金寨、舒城、绩溪；江苏连云港、南京、镇江、无锡、溧阳、宜兴；山东崂山；上海崇明、金山、松江。

分布：福建、江西、浙江、安徽、江苏、山东、上海、澳门、重庆、广东、广西、贵州、河南、湖北、湖南、四川、台湾、西藏、香港、云南。日本、韩国。

凭证标本：福建武夷山自然保护区桃源峪，周喜乐、金冬梅、王莹 ZXL05522（CSH）；江西九连山斜陂水，陈拥军 235（PE）；江西崇义齐云山保护站至龙背，严岳鸿、何祖霞 3735（PE）；浙江临安西天目山仙人顶，金摄郎、张锐、刘莉 JSL4305（CSH）。

中华鳞毛蕨 *Dryopteris chinensis* (Baker) Koidzumi, Fl. Symb. Orient.-Asiat. 39. 1930.

产地：江西庐山、铅山、崇义；浙江安吉、临安、金华、天台；安徽黄山、潜山、休宁、岳西、金寨、舒城、绩溪；江苏句容、连云港；山东胶东半岛、沂山、蒙山、鲁山、徂徕山。

分布：江西、浙江、安徽、江苏、山东、广西、河北、河南、湖北、湖南、吉林、辽宁。日本、韩国。

凭证标本: 江西崇义县齐云山，严岳鸿 3652（HUST）；浙江临安西天目山，金摄郎、张锐、刘莉 JSL4262、JSL4301（CSH）；安徽舒城晓天镇万佛山，金摄郎 CSH21412（CSH）；江苏句容宝华山，金冬梅、魏宏宇、陈彬 CFH09000380（CSH）；山东烟台昆嵛山，刘全儒 19970715068（BNU）。

混淆鳞毛蕨 *Dryopteris commixta* Tagawa, Acta Phytotax. Geobot. 2: 190. 1933.

产地: 江西宜丰；浙江泰顺、庆元。

分布: 福建、江西、浙江、广西、四川。日本。

凭证标本: 福建，张清其 840（PE）；江西宜丰县黄冈乡冷田冈寒婆祠，熊耀国 06274（PE）；浙江泰顺乌岩岭，裴佩熹、吴依平 6183、6230（PE）。

桫椤鳞毛蕨 *Dryopteris cycadina* (Franchet & Savatier) C. Christensen, Index Filic. 260. 1905.

产地: 福建武夷山、将乐、建阳；江西庐山、宜丰、武功山、铅山、萍乡、黎川、井冈山、宁都、兴国、上犹、瑞金、会昌、寻乌、贵溪、遂川、安远、修水；浙江淳安、开化、遂昌、文成、临安、江山、龙泉；安徽黟县、舒城；江苏宜兴、溧阳。

分布: 福建、江西、浙江、安徽（新记录）、江苏、重庆、广东、广西、贵州、湖北、湖南、四川、台湾、西藏、云南。日本。

凭证标本: 福建将乐县将溪伐木场，陇西山考察队 0251（PE）；浙江开化齐溪镇钱江源，金摄郎、魏宏宇、张娇 JSL5839（CSH）；安徽黟县柯村镇江溪村，金摄郎 JSL5453（CSH）；江苏宜兴市桥涯深洞村，刘昉勋、王名金、黄志远 2177（PE）。

迷人鳞毛蕨 *Dryopteris decipiens* (Hooker) Kuntze, Revis. Gen. Pl. 2: 812. 1891.

产地: 福建南靖、龙岩、福州、德化、南平、武夷山；江西庐山、玉山、贵溪、丰城、全南、安远、寻乌、铅山、井冈山；浙江丘陵山地；安徽黄山、石台、祁门、休宁；江苏南部。

分布: 福建、江西、浙江、安徽、江苏、重庆、广东、广西、贵州、湖北、湖南、四川、台湾、香港。日本。

凭证标本: 福建漳州市南靖县鹅仙洞，曾宪锋 ZXF25897（CZH）；江西武夷山岑源擂鼓岭，严岳鸿、魏作影、夏增强 YYH15167（CSH）；浙江武义牛头山，商辉、张锐、于俊浩 SG2995（CSH）；安徽休宁，姚淦 11072（NAS）；江苏宜兴宜兴林场小黑沟，袁昌齐、金岳杏、蓝永珍 750（NAS）。

深裂迷人鳞毛蕨 *Dryopteris decipiens* var. *diplazioides* (Christ) Ching, Bull. Fan Mem. Inst. Biol., Bot. 8: 476. 1938.

产地: 福建福州、南平、武夷山，屏南；江西铅山、贵溪、丰城、武宁；浙江山地丘陵；安徽黄山、祁门、石台；江苏南部。

分布：福建、江西、浙江、安徽、江苏、广东，广西、贵州、湖南、四川、台湾。日本。

凭证标本：福建武夷山，周喜乐、刘子玥、张庆费、钟鑫 ZXL06800（CSH）；江西武宁县罗溪，张吉华 1322（HUST）；浙江安吉龙王山，金冬梅、罗俊杰、魏宏宇 Fern09796（CSH）；安徽黄山风景区，金摄郎 JSL5290（CSH）。

德化鳞毛蕨 *Dryopteris dehuaensis* Ching, Fl. Fujian. 1: 601. 1982.

产地：福建诏安、福州、德化、南平、武夷山、屏南；江西铅山、波阳、寻乌；浙江鄞州、宁海、普陀、开化、庆元、泰顺、温州、遂昌；安徽潜山、休宁。

分布：福建、江西、浙江、安徽、广东、湖南、香港。中国特有。

凭证标本：福建泉州市德化县，商辉、刘子玥 SG1142（CSH）；浙江开化苏庄镇古田山，金摄郎、魏宏宇、张娇 JSL5787（CSH）；安徽休宁齐云山镇齐云山，金摄郎 JSL5405（CSH）。

远轴鳞毛蕨 *Dryopteris dickinsii* (Franchet & Savatier) C. Christensen, Index Filic. 262. 1905.

产地：福建武夷山；江西庐山、武宁、武功山、宜丰、铅山、萍乡、安远；浙江安吉、临安、淳安、天台、遂昌；安徽九华山、祁门、石台、金寨。

分布：福建、江西、浙江、安徽、重庆、广西、贵州、河南、湖北、湖南、四川、台湾、西藏、云南。印度、日本。

凭证标本：江西铅山武夷山篁碧大郎坑，严岳鸿、魏作影、夏增强 YYH15377（CSH）；浙江遂昌九龙山杨茂源点，金摄郎、钟鑫、沈彬 JSL3551（CSH）；安徽金寨白马寨林场，邓懋彬、魏宏国 81097（NAS）。

宜昌鳞毛蕨 *Dryopteris enneaphylla* (Baker) C. Christensen, Index Filic. 263. 1905.

产地：浙江文成。

分布：浙江、湖北、台湾。中国特有。

凭证标本：浙江文成县石砰，X. C. Zhang 3570（PE）。

红盖鳞毛蕨 *Dryopteris erythrosora* (D. C. Eaton) Kuntze, Revis. Gen. Pl. 2: 812. 1891.

产地：福建德化、古田；江西庐山、瑞金；浙江杭州、金华、开化、宁海、宁波、舟山、平阳、遂昌、庆元；安徽黄山、九华山、潜山、石台、金寨、舒城、绩溪；江苏连云港、南京、常熟、宜兴；上海崇明、金山、松江。

分布: 福建、江西、浙江、安徽、江苏、上海、重庆、广东、广西、贵州、湖北、湖南、四川、云南。日本、韩国。

凭证标本: 福建古田县城区，兰艳黎 07245 (HUST)；浙江临安西天目山，金摄郎、张锐、刘莉 JSL4325 (CSH)；江苏宜兴太华山，刘启新等 LS-722 (NAS)；上海金山大金山岛，金摄郎 JSL3047 (CSH)。

台湾鳞毛蕨 *Dryopteris formosana* (Christ) C. Christensen, Index Filic. 266. 1906

产地: 福建长汀；浙江淳安、舟山、开化、磐安。

分布: 福建（王小夏等，2010）、浙江、重庆、贵州、湖南、四川、台湾。日本。

凭证标本: 福建长汀县童坊，王小夏 20080824479（福建省长汀县第二中学植物标本室）；浙江舟山市定海茶人谷生态园，毕玉科等 BYK1461 (CSH)。

黑足鳞毛蕨 *Dryopteris fuscipes* C. Christensen, Index Filic., Suppl. 2: 14. 1917.

产地: 福建各地；江西各地；浙江山地丘陵；安徽黄山、九华山、歙县、祁门、休宁、潜山、岳西、石台、金寨、铜陵；江苏宜兴、常熟、句容；上海崇明、金山、松江。

分布: 福建、江西、浙江、安徽、江苏、上海、重庆、广东、广西、贵州、海南、湖北、湖南、四川、台湾、香港、云南。日本、韩国、越南。

凭证标本: 福建武夷山自然保护区挂墩，周喜乐、金冬梅、王莹 ZXL05501 (CSH)；江西九江县庐山通远保护站，严岳鸿、周劲松 3195 (HUST)；浙江泰顺乌岩岭千斤坑，裴佩熹、吴依平 6091 (PE)；安徽黄山风景区，金摄郎 JSL5256、JSL5289 (CSH)。

华北鳞毛蕨 *Dryopteris goeringiana* (Kuntze) Koidzumi, Bot. Mag. (Tokyo). 43: 386. 1929.

产地: 江苏连云港；山东牙山、泰山、徂徕山、青岛。

分布: 江苏、山东、北京、甘肃、河北、河南、黑龙江、吉林、辽宁、内蒙古、青海、陕西、山西、新疆。日本、韩国、俄罗斯。

凭证标本: 江苏连云港市 墟沟后云台山西坡，刘启新等 HZH-057 (NAS)；山东青岛市王哥庄镇姜家村棒冒尖山，王春海、郭雪菲、侯元免 2014051 (QFNU)。

裸叶鳞毛蕨 *Dryopteris gymnophylla* (Baker) C. Christensen, Index Filic. 269. 1905.

产地: 江西铅山、庐山；浙江杭州、安吉、开化；安徽九华山、歙县、岳西、金寨、舒城；江苏南京、句容；山东胶东半岛，沂山、蒙山、塔山等山区。

分布: 江西、浙江、安徽、江苏、山东、重庆、贵州、河北、河南、湖北、湖南、辽宁。日本、韩国。

凭证标本：江西九江市庐山，秦 10887（PE）；江西武夷山保护区篁碧大郎坑，严岳鸿、魏作影、夏增强 YYH15369、YYH15379（CSH）；浙江临安天目山大峡谷，金摄郎、张锐、刘莉 JSL4354、JSL4356（CSH）；安徽金寨天堂山，张宪春 3776（PE）。

裸果鳞毛蕨 *Dryopteris gymnosora* (Makino) C. Christensen, Index Filic. 269. 1906.

产地：福建武夷山、南平；江西铅山、庐山、武功山、遂川；浙江杭州、武义、遂昌、开化；安徽祁门；江苏南京。

分布：福建、江西、浙江、安徽、江苏（李春香和冯丽梅，2015）、重庆、广东、广西、贵州、湖北、湖南、四川、云南。日本、越南。

凭证标本：福建武夷山市桐木乡龙渡，裘佩熹 2079（PE）；江西崇义县齐云山横河田尾头，严岳鸿、何祖霞 3629（HUST）；浙江遂昌九龙山罗汉源点，金摄郎、钟鑫、沈彬 JSL3409（CSH）；南京市老山国家森林公园，李春香 LCX-LS07（NPA）。

边生鳞毛蕨 *Dryopteris handeliana* C. Christensen, Dansk Bot. Ark. 9: 62. 1937.

产地：江西铅山、武宁；浙江临安、遂昌；安徽宁国、霍山。

分布：江西、浙江、安徽、重庆、贵州、湖北、湖南、四川、云南。韩国、日本。

凭证标本：江西武宁县罗溪，张吉华 1287（HUST）；江西武夷山保护区叶家厂大坑，顾钰峰、夏增强 YYH15401（CSH）；浙江遂昌县九龙山内阴坑，姚关虎 1430（NAS）；安徽霍山青枫岭黄叶坪中河坪，邓懋彬、魏宏国 80177（NAS）。

杭州鳞毛蕨 *Dryopteris hangchowensis* Ching, Bull. Fan Mem. Inst. Biol., Bot. 8: 414. 1938.

产地：江西铅山、靖安；浙江杭州、宁波、武义；安徽潜山、黄山；江苏南京。

分布：江西、浙江、安徽、江苏。韩国、日本。

凭证标本：江西靖安县石境，张吉华 047（JJF）；浙江杭州，X. C. Zhang 3566（PE）；安徽黄山风景区，周喜乐、严岳鸿、商辉、王莹 ZXL05334（CSH）。

异鳞鳞毛蕨 *Dryopteris heterolaena* C. Christensen, Acta Horti Gothob. 1: 62. 1924.

异名：浙江肋毛蕨 *Ctenitis zhejiangensis* Ching & C. F. Zhang, Bull. Bot. Res., Harbin 3（3）: 34-35, f. 25. 1983.

产地：江西铅山；浙江庆元。

分布：江西（魏作影等，2020）、浙江、广东、广西、贵州、湖南、四川、西藏、云南。中国特有。

凭证标本: 江西武夷山保护区叶家厂大坑，顾钰峰、夏增强 YYH15397(CSH)；浙江庆元县荷地，C. F. Zhang 7536(PE)。

桃花岛鳞毛蕨 *Dryopteris hondoensis* Koidzumi, Acta Phytotax. Geobot. 1: 31. 1932.

产地: 福建长汀；浙江普陀、金华、天台、遂昌、洞头、平阳。

分布: 福建（工小夏等，2009）、浙江、湖南、四川。日本、韩国。

凭证标本: 福建长汀县童坊镇，王小夏、林木木 2005010209（福建省长汀县第二中学植物标本室）；浙江遂昌县九龙山罗汉源保护站，韦宏金、钟鑫、沈彬 JSL3487(CSH)。

假异鳞毛蕨 *Dryopteris immixta* Ching, Fl. Tsinling. 2: 225. 1974.

产地: 福建武夷山；江西庐山、井冈山、宜春；浙江丘陵山地；安徽九华山、潜山、祁门、舒城；江苏句容、苏州、连云港；山东崂山、昆嵛山、蒙山。

分布: 福建、江西、浙江、安徽、江苏、山东、重庆、甘肃、贵州、河南、湖北、湖南、陕西、四川、云南。中国特有。

凭证标本: 江西庐山剪刀峡，谭策铭、张丽萍、易腊梅等 03026A(JJF)；浙江遂昌九龙山外九龙，姚关琥 6015(PE)；安徽舒城晓天镇万佛山自然保护区，金摄郎 JSL4630(CSH)；江苏宜兴太华公社，袁昌齐、兰永珍、金岳杏 75022(NAS)。

平行鳞毛蕨 *Dryopteris indusiata* (Makino) Makino & Yamamoto ex Yamamoto, Suppl. Icon. Pl. Formos. 5: 3. 1932.

产地: 福建南平、武夷山、屏南；江西庐山、武功山、井冈山、芦溪、崇义；浙江杭州、武义、淳安、遂昌、江山；安徽歙县、潜山。

分布: 福建、江西、浙江、安徽（韦宏金等，2020）、重庆、广东、广西、贵州、湖北、湖南、四川、云南。日本。

凭证标本: 福建南平茫荡山三千八百坎，严岳鸿、金摄郎、舒江平 JSL5154(CSH)；江西芦溪县武功山，吴磊、祁世鑫 1350(HUST)；江西宜丰县官山保护区，叶华谷、曾飞燕 LXP10-3032(IBSC)；浙江临安清凉峰镇浙川村，金摄郎、魏宏宇、张娇 JSL6001(CSH)；安徽歙县清凉峰自然保护区，金摄郎、魏宏宇、张娇 JSL6071(CSH)。

泡鳞鳞毛蕨 *Dryopteris kawakamii* Hayata, J. Coll. Sci. Imp. Univ. Tokyo. 30: 416. 1911.

异名: 泡鳞肋毛蕨 *Ctenitis mariformis* (Rosenstock) Ching, Bull. Fan Mem. Inst. Biol., Bot. 8(5): 286. 1938.

产地：福建武夷山；江西铅山；浙江遂昌、开化、龙泉。

分布：福建、江西、浙江、重庆、广东、广西、贵州、湖南、四川、台湾、云南。中国特有。

凭证标本：福建武夷山市桐木关，Wuyi Exp. 1581（NAS）；浙江遂昌九龙山枫树坪，裘佩熹、姚关虎 5579（NAS）。

京鹤鳞毛蕨 *Dryopteris kinkiensis* Koidzumi ex Tagawa, Acta Phytotax. Geobot. 2: 200. 1933.

产地：福建南平、武夷山；江西庐山、安远、铅山、修水、都昌、芦溪、婺源；浙江杭州、萧山、宁海、江山、金华、东阳、龙泉、温州、苍南、遂昌、庆元；安徽六安；上海金山、松江。

分布：福建、江西、浙江、安徽（新记录）、上海、重庆、广东、贵州、湖南、四川。韩国、日本。

凭证标本：江西婺源县向石源，侯学良 11062211（AU）；浙江丽水市遂昌县，韦宏金、钟鑫、沈彬 JSL3540（CSH）；安徽六安市，金摄郎 JSL4609（CSH）。

齿果鳞毛蕨（齿头鳞毛蕨） *Dryopteris labordei* (Christ) C. Christensen, Index Filic. 273. 1906.

产地：福建德化、南平、诏安；江西庐山、武宁、会昌；浙江杭州、遂昌、龙泉、庆元；安徽黄山；江苏南京；上海崇明、金山、松江。

分布：福建、江西、浙江、安徽、江苏（李春香和冯丽梅，2015）、上海、重庆、广东、广西、贵州、湖北、湖南、四川、台湾、云南。日本。

凭证标本：福建南平市三千八百坎，张永田 79531（PE，FJSI）；江西会昌半迳乡西，胡启明 3098（LBG）；浙江淳安白马公社磨心尖，洪林 1436（HHBG）；江苏南京市老山国家森林公园，李春香 LCX-LS02（NPA）。

狭顶鳞毛蕨 *Dryopteris lacera* (Thunberg) Kuntze, Revis. Gen. Pl. 2: 813. 1891.

产地：江西庐山、铅山、武宁；浙江安吉、临安、江山、开化、遂昌、龙泉、庆元、东阳、淳安、宁海、磐安、缙云、乐清、诸暨；安徽黄山、九华山、祁门、歙县、潜山、石台、休宁、岳西、金寨、舒城；江苏连云港、句容、宜兴；山东烟台、威海、临沂、泰安；上海松江。

分布：江西、浙江、安徽、江苏、山东、上海、重庆、贵州、黑龙江、湖北、湖南、辽宁、宁夏、四川、台湾、天津。日本、韩国。

凭证标本：江西武宁县罗溪，张吉华 1763（JJF）；浙江遂昌县九龙山自然保护区罗汉源点，韦宏金、钟鑫、沈彬 JSL3527（CSH）；江苏句容宝华山，宝华山采集小组 7522（NAS）；安徽金寨天堂山，张宪春 3706（PE）；山东临沂云蒙山，商辉、汪浩 SG2172（CSH）。

轴鳞鳞毛蕨 *Dryopteris lepidorachis* C. Christensen, Index Filic. 274. 1906.

产地： 福建福州、南平；江西庐山、修水、婺源、德兴、奉新、东乡、贵溪、遂川、寻乌；浙江杭州、遂昌、江山、天台；安徽黄山、潜山、祁门、休宁；江苏南部。

分布： 福建、江西、浙江、安徽、江苏、湖北、湖南。中国特有。

凭证标本： 福建 Qishan, Tang Siu Ging 5865（AU）；浙江遂昌县，韦宏金、钟鑫、沈彬 JSL3509（CSH）；安徽黄山风景区，金摄郎 JSL5263、JSL5334（CSH）；江苏宜兴林场老鹰岕，姚淦 7063（NAS）。

边果鳞毛蕨 *Dryopteris marginata* (C. B. Clark) Christ, Philipp. J. Sci., C. 2: 212. 1907.

异名： *Dryopteris chiui* Ching, Bot. Res. Academia Sinica 2: 32, t. 11, f. 3. 1987.

产地： 福建武夷山。

分布： 福建、江西、广西、贵州、湖南、四川、台湾、云南。不丹、印度、缅甸、尼泊尔、泰国、越南。

凭证标本： 福建武夷山，P. C. Chiu 1989（PE）。

马氏鳞毛蕨 *Dryopteris maximowicziana* (Miquel) C. Christensen, Acta Horti Gothob. 1: 63. 1924.

异名： 阔鳞肋毛蕨 *Ctenitis maximowicziana*（Miquel）Ching, Bull. Fan Mem. Inst. Biol., Bot. 8（5）: 294-295. 1938; 阔鳞轴鳞蕨 *Dryopsis maximowicziana*（Miquel）Holttum & P. J. Edwards, Kew Bull. 41（1）: 197. 1986.

产地： 福建武夷山；江西铅山、安远、井冈山、庐山、宜丰、修水；浙江临安、开化、鄞州、仙居、遂昌、龙泉、庆元、丽水；安徽黄山、歙县。

分布： 福建、江西、浙江、安徽、重庆、广西、贵州、湖南、四川、台湾。日本、韩国。

凭证标本： 福建武夷山挂墩，武考队 832（PE）；江西修水，熊耀国 06452（PE）；江西武夷山保护区宾馆至桐木关，周喜乐、刘子玥、刘以诚、李春香、李中阳 ZXL06660（CSH）；浙江临安清凉峰镇浙川村，金摄郎、魏宏宇、张娇 JSL5983（CSH）。

黑鳞远轴鳞毛蕨 *Dryopteris namegatae* (Sa. Kurata) Sa. Kurata, J. Geobot. 17: 87. 1969.

产地： 江西宜丰、芦溪；浙江临安。

分布： 江西、浙江、重庆、甘肃、贵州、湖北、湖南、四川、云南。日本。

凭证标本：江西宜丰县，熊杰 4005（LBG）；江西芦溪县武功山，吴磊、祁世鑫 1317（HUST）；浙江临安西天目山，金摄郎、张锐、刘莉 JSL4263（CSH）。

太平鳞毛蕨 *Dryopteris pacifica* (Nakai) Tagawa, Coloured Ill. Jap. Pteridophyta. 211. 1959.

产地：福建德化、永安、南平、屏南；江西玉山、修水、宜丰、遂川、安福、宁都、铅山、武功山、九连山；浙江杭州、安吉、桐庐、鄞州、舟山、金华、开化、遂昌、庆元、乐清、平阳；安徽祁门、歙县、休宁、潜山、石台、金寨、马鞍山；江苏句容、宜兴；上海金山、松江。

分布：福建、江西、浙江、安徽、江苏、上海、广东、海南、湖南、香港。日本、韩国。

凭证标本：江西武夷山保护区岑源擂鼓岭，严岳鸿、魏作影、夏增强 YYH15166（CSH）；浙江文成县石坪，X. C. Zhang 3577（PE）；浙江舟山普陀山，邢公侠、张朝芳、林尤兴 332（PE）；江苏句容宝华山国家森林公园，金冬梅、魏宏宇、陈彬 CFH09000384（CSH）。

鱼鳞鳞毛蕨（鱼鳞蕨） *Dryopteris paleolata* (Pic. Serm.) Li Bing Zhang, Taxon. 61: 1208. 2012.

产地：福建云霄、诏安；江西遂川、井冈山；浙江松阳。

分布：福建、江西、浙江、重庆、广东、广西、贵州、海南、湖南、四川、台湾、西藏、云南。印度、不丹、菲律宾、尼泊尔、越南、日本（屋久岛）。

凭证标本：福建漳州云霄县乌山，曾宪锋 ZXF32721（CZH）；江西井冈山，李中阳、卫然 JGS018（PE）。

半岛鳞毛蕨 *Dryopteris peninsulae* Kitagawa, Rep. First Sci. Exped. Manchoukuo. 4(2): 54. 1935.

产地：江西庐山；浙江临安、淳安、桐庐、诸暨、开化、遂昌、龙泉、庆元；安徽休宁、青阳、岳西、祁门；江苏南部；山东中南山区、胶东半岛；上海金山、松江。

分布：江西、浙江、安徽、江苏、山东、上海、重庆、甘肃、广西、贵州、河南、湖北、湖南、吉林、辽宁、山西、陕西、四川、云南。中国特有。

凭证标本：江西庐山第六招待所附近，关克俭 77078（PE）；浙江遂昌九龙山毛司坑，姚关琥 5920（PE）；安徽岳西主簿镇枯井园自然保护区，金摄郎 JSL3019（CSH）。

柄叶鳞毛蕨 *Dryopteris podophylla* (Hooker) Kuntze, Revis. Gen. Pl. 2: 813. 1891.

产地：福建南靖、诏安。

分布: 福建、广东、广西、海南、湖南、香港、云南。中国特有。

凭证标本: 福建南靖县南坑, anonymous 586(PE); 福建诏安县乌山, 曾宪锋、邱贺媛 ZXF16838(CZH)。

棕边鳞毛蕨 *Dryopteris sacrosancta* Koidzumi, Bot. Mag. (Tokyo). 38: 108. 1924.

产地: 浙江杭州; 安徽黄山、九华山、岳西; 江苏连云港; 山东胶东半岛、蒙山。

分布: 浙江、安徽(新记录)、江苏、山东、湖南、辽宁。日本、韩国。

凭证标本: 安徽岳西主簿镇张盛沟村附近沟谷, 金摄郎 JSL4574(CSH); 江苏连云港云台山, 刘守炉、王希蕖 332(NAS); 山东烟台昆嵛山, 李建秀 00097(PE)。

无盖鳞毛蕨 *Dryopteris scottii* (Beddome) Ching ex C. Christensen, Bull. Dept. Biol. Sun Yatsen Univ. 6: 3. 1933.

产地: 福建南平、南靖、龙岩、德化; 江西庐山、遂川、井冈山、石城、瑞金、定南、寻乌; 浙江遂昌、开化、庆元、文成、泰顺; 江苏宜兴。

分布: 福建、江西、浙江、安徽、江苏、重庆、广东、广西、贵州、海南、湖南、四川、台湾、西藏、香港、云南。不丹、印度、日本、缅甸、尼泊尔、泰国、越南。

凭证标本: 福建南平茫荡镇纹浆村–小楠坪村, 严岳鸿、金摄郎、舒江平 JSL5166(CSH); 江西遂川县大汾区代圣社, 岳俊三等 4616(PE, NAS); 浙江庆元县, 裘佩熹 3909(PE); 浙江遂昌九龙山自然保护区罗汉源点, 金摄郎、钟鑫、沈彬 JSL3480(CSH)。

两色鳞毛蕨 *Dryopteris setosa* (Thunberg) Akasawa, Bull. Kochi Women's Univ., Ser. Nat. Sci. 7: 27. 1959.

产地: 江西庐山、武宁、修水、靖安、宜丰、资溪; 浙江丘陵山地; 安徽黄山、歙县、祁门、潜山、岳西、石台、金寨、泾县; 江苏连云港、宜兴、昆山; 山东胶东半岛、蒙山、塔山; 上海崇明、金山、松江。

分布: 福建、江西、浙江、安徽、江苏、山东、上海、重庆、贵州、河南、湖北、湖南、山西、陕西、四川、云南。日本、韩国。

凭证标本: 浙江宁波市天童寺前左, 贺贤育 27051(PE); 浙江临安西天目山, 金摄郎、张锐、刘莉 JSL4339(CSH); 安徽歙县黄山温泉附近, 关克俭 75595(PE); 江苏宜兴湖父镇承泽村, 周太炎等 082(PE)。

霞客鳞毛蕨 *Dryopteris shiakeana* H. Shang & Y. H. Yan, Phytotaxa, 218(2): 156. 2015.

产地: 福建德化; 浙江舟山。

分布：福建、浙江、广东。中国特有。

凭证标本：福建德化县岱仙瀑布，商辉、刘子玥 SG1130、SG1132（CSH）。

东亚鳞毛蕨 *Dryopteris shikokiana* (Makino) C. Christensen, Index Filic. 292. 1905.

异名：无盖肉刺蕨 *Nothoperanema shikokianum*（Makino）Ching in Acta Phytotax. Sin. 11: 28. 1966.

产地：福建建阳。

分布：福建、广西、贵州、湖南、四川、云南。日本。

凭证标本：福建建阳区黄坑公社猪母岗阴山沟，武考队 1873（PE）。

奇羽鳞毛蕨 *Dryopteris sieboldii* (Van Houtte ex Mettenius) Kuntze, Revis. Gen. Pl. 2: 813. 1891.

产地：福建南平、屏南、南靖、连城、长汀、沙县、泰宁；江西铅山、庐山、武宁、玉山、铜鼓、宜丰、资溪、萍乡、井冈山、遂川、兴国、黎川、寻乌；浙江淳安、鄞州、诸暨、开化、龙泉、庆元、文成、泰顺、遂昌、安吉；安徽黄山、祁门、石台、黟县、休宁。

分布：福建、江西、浙江、安徽、重庆、广东、广西、贵州、湖北、湖南。日本。

凭证标本：福建泰宁县焦溪村，李明生 566（PE，FJSI）；江西庐山，裘佩熹 3304（PE）；浙江开化齐溪镇钱江源风景区，金摄郎、魏宏宇、张娇 JSL5833（CSH）；安徽祁门安凌镇广大村，金摄郎 JSL5516（CSH）。

高鳞毛蕨 *Dryopteris simasakii* (H. Itô) Kurata, J. Geobot. 18: 5. 1970.

异名：老殿鳞毛蕨 *Dryopteris laodianensis* Ching & P. S. Chiu, Bot. Res. Academia Sinica 2: 16, t. 6, f. 3. 1987.

产地：江西芦溪；浙江临安、鄞州、舟山、龙泉、庆元、泰顺、武义、遂昌、江山；安徽歙县。

分布：江西、浙江、安徽（韦宏金等，2020）、重庆、广西、贵州、湖南、四川、云南。日本。

凭证标本：江西芦溪县，吴磊、祁世鑫 1230、1295（HUST）；浙江临安天目山老殿附近，P. C. Chiu 5322（PE）；安徽歙县清凉峰国家级自然保护区，金摄郎、魏宏宇、张娇 JSL6077（CSH）。

稀羽鳞毛蕨 *Dryopteris sparsa* (D. Don) Kuntze, Revis. Gen. Pl. 2: 813. 1891.

产地：福建南靖、福州、德化、永安、南平、屏南、邵武、泰宁；江西铅山、庐山、铜鼓、奉新、井冈山、瑞金、崇义、大余、龙南、会昌、全南、安远、寻乌；浙江杭州、建德、桐庐、诸暨、宁波、江山、开化、遂昌、松阳、龙泉、庆元、乐清、温州、瑞安、文成、泰顺、平阳；安徽黄山、祁门、休宁、潜山、石台；江苏宜兴；上海金山、松江。

分布：福建、江西、浙江、安徽、江苏、上海、重庆、广东、广西、贵州、海南、河南、湖北、湖南、陕西、四川、台湾、西藏、香港、云南。不丹、印度、印度尼西亚、日本、缅甸、尼泊尔、泰国、越南。

凭证标本：福建武夷山龙渡至三港途中，裴佩熹 1618(PE)；江西崇义县齐云山三江口，严岳鸿、何祖霞 3539(HUST)；浙江临安西天目山，金摄郎、张锐、刘莉 JSL4323、JSL4345(CSH)；安徽黄山国家森林公园，金摄郎 JSL5342(CSH)。

无柄鳞毛蕨 *Dryopteris submarginata* Rosenstock, Repert. Spec. Nov. Regni Veg. 13: 132. 1914.

产地：福建南平；江西井冈山；浙江临安、淳安、建德、遂昌、松阳、龙泉、庆元；江苏南京、句容。

分布：福建、江西、浙江、江苏（李春香和冯丽梅，2015）、重庆、广西、贵州、湖北、湖南、四川。中国特有。

凭证标本：江西井冈山，严岳鸿、周劲松 3345(PE，HUST)；江苏南京老山国家森林公园，李春香 LCX-LS11(NPA)；江苏句容宝华山国家森林公园，李春香 LCX-BHS08(NPA)。

华南鳞毛蕨 *Dryopteris tenuicula* C. G. Matthew & Christ in Lecomte, Notul. Syst. (Paris). 1: 51. 1909.

产地：福建武夷山；江西铅山、武功山；浙江临安、遂昌、庆元、苍南；安徽黄山。

分布：福建（新记录）、江西、浙江、安徽（韦宏金等，2020）、重庆、广东、广西、贵州、湖北、湖南、四川、台湾、香港。日本、韩国。

凭证标本：福建武夷山自然保护区挂墩，周喜乐、刘子玥、张庆费、钟鑫 ZXL06769(CSH)；江西武功山，熊耀国 2816(LBG)；浙江遂昌县，韦宏金、钟鑫、沈彬 JSL3569(CSH)；安徽黄山区黄山风景区，金摄郎 JSL5280(CSH)。

东京鳞毛蕨 *Dryopteris tokyoensis* (Matsumura ex Makino) C. Christensen, Index Filic. 298. 1905.

异名：三明鳞毛蕨 *Dryopteris sanmingensis* Ching, Fl. Fukien 1: 600. 1982.

产地：福建三明；江西黎川、安远；浙江安吉、金华、磐安。

分布：福建、江西、浙江、湖北、湖南。日本。

凭证标本：福建三明市三元区，林来官 291(PE)；福建泰宁县城丰岩大队，李明生 120（PE）；江西崇义县齐云山自然保护区，严岳鸿、周喜乐、王兰英 4176（PE）；浙江安吉龙王山千亩田，金冬梅、罗俊杰、魏宏宇 Fern09851（CSH）。

观光鳞毛蕨 *Dryopteris tsoongii* Ching, Bot. Res. Acad. Sin. 2: 14. 1987.

产地：福建南平、屏南、古田；江西庐山、崇义、靖安、修水；浙江临安、庆元、遂昌、江山、开化、安吉；安徽歙县、祁门、休宁、岳西、石台、金寨、潜山；江苏南部；上海金山、松江。

分布：福建、江西、浙江、安徽、江苏、上海、广东、广西、湖北、湖南。中国特有。

凭证标本：福建南平茫荡镇茂地村，严岳鸿、金摄郎、舒江平 JSL5122（CSH）；江西靖安县石境，张吉华 97041（PE，JJF）；江西修水县黄沙港林场乐家山，刘守炉等 890066（NAS）；浙江临安西天目山，金摄郎、张锐、刘莉 JSL4310（CSH）；安徽休宁齐云山镇齐云山风景区，金摄郎 JSL5432（CSH）。

同形鳞毛蕨 *Dryopteris uniformis* (Makino) Makino, Bot. Mag. (Tokyo). 23: 145. 1909.

异名：狭翅鳞毛蕨 *Dryopteris decurrentiloba* Ching & C. F. Zhang, Bull. Bot. Res., Harbin 3（3）: 31-33, f. 23. 1983; 江山鳞毛蕨 *D. jiangshanensis* Ching & P. S. Chiu, Bot. Res. Academia Sinica 2: 34-35, t. 12, f. 3. 1987; 假同形鳞毛蕨 *D. pseudouniformis* Ching, Fl. Fujianica 1: 601. 1982; 棕边鳞毛蕨 *D. uniformis* var. *rufomarginata* K. H. Shing, Jiangxi Sci. 8（3）: 47. 1990.

产地：福建武夷山；江西铅山、庐山、武宁、宜丰、萍乡；浙江杭州、遂昌、江山、开化、宁波、舟山、金华、龙泉、庆元、泰顺、淳安；安徽黄山、九华山、歙县、祁门、休宁、潜山、岳西、石台、金寨、舒城；江苏南京、句容、镇江、宜兴；上海崇明、奉贤、金山、松江。

分布：福建、江西、浙江、安徽、江苏、上海、甘肃、广东、广西、贵州、湖南。日本、韩国。

凭证标本：江西庐山，刘慎谔 8938（PE）；浙江武义县俞源乡樊岭脚，洪林 9539（HHBG）；安徽黄山风景区，周喜乐、严岳鸿、商辉、王莹 ZXL05343、ZXL05348（CSH）；江苏句容宝华山，金冬梅、魏宏宇、陈彬 CFH09000356、CFH09000370（CSH）。

变异鳞毛蕨 *Dryopteris varia* (Linnaeus) Kuntze, Revis. Gen. Pl. 2: 814. 1891.

异名：长尾鳞毛蕨 *Dryopteris caudifolia* Ching & P. S. Chiu, Bot. Res. Academia Sinica 2: 21. 1987; 富阳鳞毛蕨 *D. fuyangensis* Ching & P. S. Chiu, Bot. Res. Academia Sinica 2:

26. 1987; 光叶鳞毛蕨 *D. glabrescens* Ching & P. S. Chiu ex K. H. Shing & J. F. Cheng, Jiangxi Sci 8(3): 48. 1990; 林氏鳞毛蕨 *D. lingii* Ching, Bot. Res. Academia Sinica 2: 23. 1987.

产地: 福建各地;江西铅山、庐山、铜鼓、宜丰、广丰、资溪、萍乡、瑞金、南康、会昌、大余、定南、寻乌;浙江山地丘陵;安徽黄山、祁门、休宁、潜山、岳西、金寨、舒城;江苏宜兴、苏州、镇江;山东青岛;上海金山、松江。

分布: 福建、江西、浙江、安徽、江苏、山东、上海、重庆、广东、广西、贵州、河南、湖北、湖南、陕西、四川、台湾、香港、云南。印度、日本、韩国、菲律宾、越南。

凭证标本: 福建武夷山桐木乡黄竹坳,裘佩熹 1437(PE);江西大余县内良附近,岳俊三等 1028(PE);浙江江山石门镇江郎山,金摄郎、舒江平、赵国华、张锐 JSL3120(CSH);安徽休宁齐云山镇齐云山风景区,金摄郎 JSL5358、JSL5374(CSH)。

黄山鳞毛蕨 *Dryopteris whangshangensis* Ching, Bull. Fan Mem. Inst. Biol., Bot. 8: 421. 1938.

异名: 黄岗山鳞毛蕨 *Dryopteris huangangshanensis* Ching, Fl. Fujianica 1: 624. 1991.

产地: 福建武夷山;江西铅山、庐山、修水、上饶、武宁;浙江临安、遂昌、安吉、淳安、开化、龙泉;安徽黄山、九华山、潜山、岳西、石台、金寨、舒城。

分布: 福建、江西、浙江、安徽、湖北、台湾。中国特有。

凭证标本: 浙江临安西天目山仙人顶,金摄郎、张锐、刘莉 JSL4302(CSH);江西靖安县石境,张吉华 97050(HUST, SZG);安徽黄山,贺贤育 6(PE)。

细叶鳞毛蕨 *Dryopteris woodsiisora* Hayata, Icon. Pl. Formosan. 6: 158. 1916.

异名: 泰山鳞毛蕨 *Dryopteris taishanensis* F. Z. Li, Acta Phytotax. Sin. 20(3): 344-346, pl. 2. 1982.

产地: 山东泰山、蒙山、徂徕山。

分布: 山东、广东、贵州、湖南、吉林、辽宁、四川、台湾、西藏、云南。不丹、印度、尼泊尔、泰国。

凭证标本: 山东泰山,李法曾 0621(PE)。

寻乌鳞毛蕨 *Dryopteris xunwuensis* Ching & K. H. Shing, J. Scl. Jiangxi. 8(3). 48. 1990.

产地: 江西寻乌。

分布: 江西、广东、广西、湖南。中国特有。

凭证标本: 江西寻乌县上坪分场，程景福 40210(PE)。

南平鳞毛蕨 *Dryopteris yenpingensis* C. Chr. & Ching, Bull. Fan Mem. Inst. Biol., Bot. 8(6): 450. 1938.

产地: 福建南平。

分布: 福建、广西。中国特有。

凭证标本: 福建南平市，H. H. Chung 3508(PE)；福建南平茫荡山三千八百坎，严岳鸿、金摄郎、舒江平 JSL5149(CSH)。

舌蕨属 *Elaphoglossum* Schott ex J. Smith

舌蕨 *Elaphoglossum marginatum* T. Moore, Index Fil. 11. 1857.

产地: 福建龙岩；江西崇义。

分布: 福建（顾钰峰等，2015；林沁文，2015）、江西、广东、广西、贵州、海南、四川、台湾、西藏、云南。不丹、印度东北部、印度尼西亚、马来西亚、尼泊尔、菲律宾、越南。

凭证标本: 福建龙岩梅花山自然保护区，商辉、顾钰峰 SG074(CSH)；江西崇义县齐云山，严岳鸿、何祖霞 4183、4053(HUST)。

华南舌蕨 *Elaphoglossum yoshinagae* (Yatabe) Makino, Phan. Pter. Jap. Icon. t. 51-52. 1901.

产地: 福建南靖、德化、龙岩、上杭、长汀、连城、南平、屏南、建宁；江西庐山、井冈山、崇义、大余、龙南、全南、遂川；浙江武义、松阳、遂昌、龙泉、庆元、泰顺、乐清。

分布: 福建、江西、浙江、广东、广西、贵州、海南、湖南、台湾、香港。日本。

凭证标本: 福建建宁杨梅坑，李振宇 10752(PE)；福建武夷山自然保护区桃源峪，周喜乐、金冬梅、王莹 ZXL05544(CSH)；江西崇义县齐云山三江口，严岳鸿、何祖霞 3554(HUST)；浙江泰顺里光六角坑小坑，anonymous 23753(HHBG)。

网藤蕨属 *Lomagramma* J. Smith

网藤蕨 *Lomagramma matthewii* (Ching) Holttum, Gard. Bull. Straits Settlem. 9: 206. 1937.

产地: 福建南靖。

分布: 福建、广东、海南、西藏、香港、云南。中国特有。

凭证标本: 福建南靖县南坑，福建队 0617(PE)。

耳蕨属 *Polystichum* Roth

尖头耳蕨 *Polystichum acutipinnulum* Ching & K. H. Shing, Wuyi Sci. J. 1(1): 9. 1981.

产地: 福建武夷山; 浙江临安。

分布: 福建、浙江、重庆、贵州、河南(信阳)、湖北(鹤峰、神农架、宣恩)、湖南、四川、云南(大关、昭通)。中国特有。

凭证标本: 福建武夷山先锋岭至三港展望台附近, 武素功等 WY2006-61(KUN); 浙江临安於潜镇西天目山五里亭, 钟观光 D454(PE)。

巴郎耳蕨 *Polystichum balansae* Christ, Trudy Imp. S.-Peterburgsk. Bot. Sada. 28: 193. 1908.

异名: 镰羽贯众 *Cyrtomium balansae*(Christ)C. Christensen, Index Filic., Suppl. 1: 23. 1913.

产地: 福建南靖、南平、沙县、永安; 江西铅山、庐山、修水、宜丰、安福、萍乡、黎川、井冈山、遂川、崇义、大余、全南、安远、寻乌; 浙江杭州、诸暨、鄞州、宁海、金华、开化、遂昌、龙泉、庆元、乐清、文成、泰顺; 安徽祁门、休宁、宁国、石台; 山东崂山。

分布: 福建、江西、浙江、安徽、山东、重庆、广东、广西、贵州东部和东南部、海南、湖南、香港。日本、越南。

凭证标本: 福建南平市延平区栖溪源坎蝙蝠洞, 钟心煊 2984(AU); 江西铅山县黄岗山大西坑, 熊耀国 06379(LBG); 浙江龙泉市昂山, 王景祥、陈根蓉 1508(PE); 安徽祁门历口镇牯牛降观音堂风景区, 金摄郎 JSL5589(CSH)。

卵状鞭叶耳蕨 *Polystichum conjunctum*(Ching)Li Bing Zhang, Phytotaxa. 60: 57. 2012.

产地: 江西婺源、宜丰; 浙江松阳、泰顺。

分布: 江西、浙江。华东特有。

凭证标本: 江西宜丰县黄岗山合港口, 熊耀国 06466(PE)。

华北耳蕨(鞭叶耳蕨)*Polystichum craspedosorum*(Maximowicz)Diels in Engler & Prantl, Nat. Pflanzenfam. 1(4): 189. 1899.

产地: 浙江临安、诸暨、淳安; 山东泰山、徂徕山、蒙山。

分布: 浙江、山东、北京、重庆、甘肃、贵州、河北、河南、黑龙江、湖北、湖南、吉林、辽宁、宁夏、山西、陕西、四川、天津、云南。日本、韩国、俄罗斯。

凭证标本: 浙江临安清凉峰镇浙川村, 金摄郎、魏宏宇、张娇 JSL5991(CSH);

浙江淳安白马石山后杨家庙洞口，洪林 1448（HHBG）；山东泰安市泰山极顶，李法曾 0419（PE）。

对生耳蕨 *Polystichum deltodon* (Baker) Diels in Engler & Prantl, Nat. Pflanzenfam. 1(4): 191. 1899.

产地： 浙江建德、金华；安徽休宁、宣城。

分布： 浙江、安徽、重庆、广东、广西、贵州、湖北、湖南、四川、台湾、云南。中国特有。

凭证标本： 浙江金华婺城区双龙景区工人疗养院附近，祝文志 8430（CCAU）；浙江淳安县临岐鱼市，普查队 27337（HHBG）；安徽休宁白岳山，K. K. Tsoong 3200（PE）。

无盖耳蕨（闽浙耳蕨）*Polystichum gymnocarpium* Ching ex W. M. Chu & Z. R. He, Fl. Reipubl. Popularis Sin. 5(2): 227. 2001.

产地： 福建武夷山；江西广丰；浙江松阳、遂昌、武义。

分布： 福建、江西、浙江、湖南。中国特有。

凭证标本： 福建武夷山风景区，周喜乐、金冬梅、王莹 ZXL05592（CSH）；江西广丰县铜钹山，周建军、周大松 20130448（CSFI）；浙江遂昌九龙山自然保护区，张朝芳 6305（CDBI）。

小戟叶耳蕨 *Polystichum hancockii* (Hance) Diels in Engler & Prantl, Nat. Pflanzenfam. 1(4): 191. 1899.

产地： 福建南平、武夷山、泰宁；江西井冈山、寻乌、吉安、遂川、上饶、崇义、上犹；浙江遂昌、文成；安徽霍山；江苏连云港；山东崂山、昆嵛山、牙山。

分布： 福建、江西、浙江、安徽、江苏、山东、广东、广西、河南、湖南、台湾。日本、韩国。

凭证标本： 福建武夷山桐木乡龙渡，裴佩熹 1998（PE）；江西崇义齐云山横河田尾头，严岳鸿、何祖霞 3642（HUST）；浙江遂昌九龙山保护区罗汉源点，金摄郎、钟鑫、沈彬 JSL3473（CSH）；安徽霍山县白马尖山，刘森等 A50110（PE）。

芒刺耳蕨 *Polystichum hecatopterum* Diels, Bot. Jahrb. Syst. 29: 193. 1900.

产地： 江西井冈山、鹰潭；浙江余杭、临安、建德。

分布： 江西、浙江、重庆、广西、贵州、湖北、湖南、四川、台湾、西藏南部、云南。中国特有。

凭证标本： 江西井冈山市，施诗等 JGS-2221。

草叶耳蕨 *Polystichum herbaceum* Ching & Z. Y. Liu, Bull. Bot. Res., Harbin. 4(4): 20. 1984.

产地：浙江开化；安徽祁门、舒城、岳西。

分布：浙江（新记录）、安徽（韦宏金等，2018）、重庆、贵州（梵净山）、湖北、湖南西部、四川。中国特有。

凭证标本：浙江开化苏庄镇占田山自然保护区，金摄郎、魏宏宇、张娇 JSL5785（CSH）；安徽祁门安凌镇大洪岭林场，金摄郎 JSL5526（CSH）；安徽舒城晓天镇万佛山自然保护区，金摄郎 JSL4623（CSH）；安徽岳西，金摄郎 JSL2999（CSH）。

深裂耳蕨 *Polystichum incisopinnulum* H. S. Kung & Li Bing Zhang, Acta Bot. Yunnan. 17: 25. 1995.

产地：安徽祁门、休宁。

分布：安徽（韦宏金等，2018）、重庆、贵州、湖南、四川（石棉）。中国特有。

凭证标本：安徽祁门县安凌镇大洪林场，金摄郎 JSL5582（CSH）；安徽休宁县齐云山镇齐云山风景区，金摄郎 JSL5448（CSH）。

亮叶耳蕨 *Polystichum lanceolatum* (Baker) Diels, Bot. Jahrb. Syst. 29: 193. 1900.

产地：江西井冈山。

分布：江西、重庆、贵州、河南、湖北、湖南、四川（峨眉山）、云南。中国特有。

凭证标本：井冈山小溪冈至五指峰沿途，程景福、杨祥学等 730382（PE）。

宽鳞耳蕨 *Polystichum latilepis* Ching & H. S. Kung, Acta Bot. Boreal.-Occid. Sin. 9: 273. 1989.

产地：江西庐山；浙江临安；安徽黄山、舒城、六安。

分布：江西、浙江、安徽、重庆（巫山）、湖北。中国特有。

凭证标本：江西庐山汉阳峰西北侧，熊耀国 6759（NAS）；浙江临安西天目山倒挂莲花峰，贺贤育 22449（NAS）；安徽黄山风景区，金摄郎 JSL5321（CSH）；安徽舒城晓天镇万佛山自然保护区，金摄郎 JSL4597（CSH）。

鞭叶耳蕨 *Polystichum lepidocaulon* (Hooker) J. Smith, Ferns Brit. For. 286. 1866.

异名：鞭叶蕨 *Cyrtomidictyum lepidocaulon*（Hooker）Ching, Bull. Fan Mem. Inst. Biol., Bot. 10（3）: 182-183. 1940.

产地：福建连城、南平、屏南、武平；江西庐山、婺源、武宁、安义、德兴、新建、资溪、南康、大余、安远、龙南；浙江杭州、淳安、桐庐、诸暨、鄞州、舟山、乐清、文成、泰顺、遂昌、江山；安徽潜山、祁门、休宁；江苏宜兴。

分布：福建、江西、浙江、安徽、江苏、广东、广西、湖南、台湾。日本中南部、韩国。

凭证标本：福建武平县民主乡岭下村，陈恒彬 667（FJSI）；江西龙南县九连山大丘田，张宪春、陈拥军等 1895（PE）；浙江江山石门镇江郎山，金摄郎、舒江平、赵国华、张锐 JSL3068（CSH）；安徽休宁齐云山镇齐云山风景区，金摄郎 JSL5411（CSH）。

黑鳞耳蕨 *Polystichum makinoi* (Tagawa) Tagawa, Acta Phytotax. Geobot. 5: 258. 1936.

产地：福建武夷山、将乐、邵武、浦城；江西铅山、庐山、井冈山、黎川；浙江遂昌、江山、开化，安吉；安徽黄山、潜山、九华山、岳西、石台、金寨、歙县；江苏溧阳、宜兴。

分布：福建、江西、浙江、安徽、江苏、重庆、甘肃南部、广东、广西（桂林）、贵州、河北、河南南部和西部、湖北西部、湖南（桂东、龙山）、宁夏、陕西北部、四川、西藏（察隅）、云南东北部和西部。不丹、日本、尼泊尔。

凭证标本：福建武夷山星村公社挂墩，武考队 0742（PE）；江西井冈山，严岳鸿、周劲松 3379（HUST）；浙江江山保安乡石鼓香溪，金摄郎、舒江平、赵国华、张锐 JSL3150、JSL3171（CSH）；安徽石台仙寓镇仙寓山风景区，金摄郎、商辉、莫日根高娃、罗俊杰 JSL5651（CSH）。

革叶耳蕨 *Polystichum neolobatum* Nakai, Bot. Mag. (Tokyo). 39: 118. 1925.

产地：江西庐山、武功山；浙江临安；安徽黄山、九华山、歙县、潜山、岳西、金寨。

分布：江西、浙江、安徽、重庆、甘肃、贵州、河南、湖北、湖南、宁夏、陕西、四川、台湾、西藏、云南。不丹、印度、日本、尼泊尔。

凭证标本：江西安福武功山观音岩，岳俊三等 3660（PE，NAS）；安徽岳西包家乡红二十八军军政旧址附近，金摄郎 JSL4651（CSH）；安徽金寨县天堂山，张宪春 3744（PE）。

卵鳞耳蕨 *Polystichum ovatopaleaceum* (Kodama) Sa. Kurata Sci. Rep. Yokosuka City Mus. 10: 35. 1964.

异名：*Polystichum retrosopaleaceum*（Kodama）Tagawa var. *ovatopaleaceum*（Kodama）Tagawa, J. Jap. Bot. 13: 187. 1937.

产地: 浙江临安、安吉；安徽黄山、岳西、金寨。

分布: 浙江、安徽。日本、韩国。

凭证标本: 浙江临安，朱和卿 917(NAS)；安徽黄山风景区，金摄郎 JSL5301(CSH)；安徽岳西包家乡鹞落坪自然保护区，金摄郎 JSL3038(CSH)。

棕鳞耳蕨 *Polystichum polyblepharum* (Roemer ex Kunze) C. Presl, Epimel. Bot. 56. 1849.

产地: 浙江杭州、鄞州、普陀山、天台山；江苏宜兴。

分布: 浙江、江苏、湖南。日本、韩国。

凭证标本: 浙江鄞州，陈根容 1596(PE)；江苏宜兴龙池山附近，方文哲等 169(WUK，NAS)。

假黑鳞耳蕨 *Polystichum pseudomakinoi* Tagawa, Acta Phytotax. Geobot. 5: 257. 1936.

产地: 福建武夷山；江西庐山、铅山、萍乡、安福、黎川、定南；浙江安吉、临安、淳安、金华、遂昌、武义；安徽黄山、九华山、祁门、歙县、休宁、潜山、岳西、石台、金寨、舒城、霍山、绩溪；江苏句容、溧阳、宜兴。

分布: 福建、江西、浙江、安徽、江苏、重庆、广东北部、广西（大苗山、灵山）、贵州（凯里、雷山、印江）、河南（鸡公山）、湖南、四川、云南。日本。

凭证标本: 福建武夷山自然保护区挂墩，周喜乐、金冬梅、王莹 ZXL05518(CSH)；江西庐山碧云庵，董安森 1589(JJF，SZG)；浙江遂昌县九龙山保护区杨茂源点，韦宏金、钟鑫、沈彬 JSL3556(CSH)；安徽舒城县晓天镇万佛山保护区，金摄郎 JSL4613(CSH)。

普陀鞭叶耳蕨 *Polystichum putuoense* Li Bing Zhang, Phytotaxa. 60: 58. 2012.

异名: 阔镰鞭叶蕨 *Cyrtomidictyum faberi* (Baker) Ching, Acta Phytotax. Sin. 6(3): 265-266, pl. 54. 1957.

产地: 浙江杭州、宁波、舟山、黄岩、龙泉、文成、永嘉；江苏宜兴。

分布: 浙江、江苏。华东特有。

凭证标本: 杭州飞来峰，章绍光 1765(NAS)；温州永嘉县龙湾潭森林公园，王正伟 WZW00497(CSH)；江苏宜兴太华公社，周太炎等 149(NAS)。

倒鳞耳蕨 *Polystichum retrosopaleaceum* (Kodama) Tagawa, J. Jap. Bot. 13(3): 187. 1937.

产地: 江西庐山、井冈山、武宁；浙江临安、安吉；安徽黄山、九华山、潜山、霍山、六安。

分布：江西、浙江、安徽、湖北（武当山）、湖南。日本、韩国。

凭证标本：安徽省黄山风景区，金摄郎 JSL5247（CSH）；安徽六安市大别山主峰白马尖，熊豫宁、顾子霞等 1378（NAS）。

阔鳞耳蕨 *Polystichum rigens* Tagawa, Acta Phytotax. Geobot. 6(2): 91. 1937.

异名：*Polystichum platychlamys* Ching, Fl. Tsinling. 2: 161. 224. 1974.

产地：安徽舒城。

分布：安徽（韦宏金等，2018）、重庆（城口、巫山）、甘肃（康县、天水）、湖北（神农架、竹溪）、陕西（宝鸡、南五台山）、四川。日本。

凭证标本：安徽舒城晓天镇万佛山自然保护区，金摄郎 JSL4628（CSH）。

灰绿耳蕨 *Polystichum scariosum* (Roxburgh) C. V. Morton, Contr. U. S. Natl. Herb. 38: 359. 1974.

异名：*Polystichum eximium*（Mettenius ex Kuhn）C. Christensen var. *minus* Tagawa, Acta Phytotax. Geobot. 10（4）：292. 1941.

产地：福建南平、武夷山；江西井冈山、龙南、崇义；浙江泰顺。

分布：福建、江西、浙江、广东、广西、贵州、海南、湖南南部、四川南部、台湾、香港、云南。印度南部、日本（屋久岛）、斯里兰卡、泰国、越南。

凭证标本：福建南平茫荡山三千八百坎，严岳鸿、金摄郎、舒江平 JSL5211（CSH）；江西龙南县九连山，张宪春、陈拥军等 1913（PE）；江西崇义齐云山保护站 – 龙背，严岳鸿、何祖霞 3756（HUST）；浙江泰顺洋溪公社林场，张朝芳 9179（PE）。

山东耳蕨 *Polystichum shandongense* J. X. Li & Y. Wei, Acta Phytotax. Sin. 22: 164. 1984.

产地：山东蒙山、泰山、青岛。

分布：山东、辽宁。中国特有。

凭证标本：山东平邑县蒙山，李建秀、卫云 00105（PE）。

中华对马耳蕨 *Polystichum sinotsus-simense* Ching & Z. Y. Liu, Bull. Bot. Res., Harbin. 4(4): 18. 1984.

产地：浙江遂昌。

分布：浙江（新记录）、重庆（城口、南川）、贵州（安顺）、湖北、湖南（石门）、四川。中国特有。

凭证标本：浙江遂昌九龙山自然保护区罗汉源点，金摄郎、钟鑫、沈彬 JSL3519（CSH）。

戟叶耳蕨 *Polystichum tripteron* (Kunze) C. Presl, Epimel. Bot. 55. 1849.

产地: 福建武夷山；江西庐山、武宁、宜丰、铅山、德兴、萍乡；浙江安吉、临安、淳安、诸暨、金华、磐安、天台、遂昌、龙泉、开化；安徽黄山、歙县、休宁、池州、潜山、岳西、金寨、舒城；江苏连云港、宜兴；山东胶东半岛。

分布: 福建、江西、浙江、安徽、江苏、山东、北京、重庆、甘肃、广东、广西、贵州、河北、河南、黑龙江、湖北、湖南、吉林、辽宁、陕西、四川。日本、韩国、俄罗斯。

凭证标本: 江西武夷山保护区叶家厂大坑，顾钰峰、夏增强 YYH15399(CSH)；浙江安吉龙王山，金冬梅、罗俊杰、魏宏宇 Fern09802(CSH)；安徽金寨县天堂山，张宪春 3726(PE)；江苏连云港云台山大桅尖，刘昉勋等 10914(PE，NAS)。

对马耳蕨 *Polystichum tsus-simense* (Hooker) J. Smith, Hist. Fil. 219. 1875.

产地: 福建福州、武夷山；江西庐山、铅山、武宁、铜鼓、宜丰、广丰、萍乡、遂川；浙江山地；安徽黄山、九华山、祁门、歙县、休宁、石台、宁国、泾县、金寨；江苏南京；山东嘉祥；上海崇明、金山、松江。

分布: 福建、江西、浙江、安徽、江苏、山东、上海、重庆、甘肃南部、广东、广西、贵州、河南（西峡）、湖北、湖南西部、吉林（磨盘山）、陕西南部、四川、台湾、西藏东部和南部、云南。印度北部和西北部、韩国、日本、越南。

凭证标本: 福建武夷山保护区桃源峪，周喜乐、金冬梅、王莹 ZXL05557(CSH)；江西武宁县伊山，熊耀国 05123(PE，LBG)；浙江临安西天目山朱陀岭，裘佩熹 5226(PE)；安徽休宁齐云山镇齐云山风景区，金摄郎 JSL5383(CSH)。

——————— 肾蕨科 Nephrolepidaceae ———————

肾蕨属 *Nephrolepis* Schott

毛叶肾蕨 ***Nephrolepis brownii*** (Desvaux) Hovenkamp & Miyamoto, Blumea. 50: 293. 2005.

产地: 福建诏安、平和、云霄。

分布: 福建、广东、广西、海南、台湾、云南。柬埔寨、印度、印度尼西亚、日本、老挝、马来西亚、缅甸、菲律宾、新加坡、斯里兰卡、泰国、越南、亚洲西南部、澳大利亚、美洲（引进）、太平洋岛屿。

凭证标本: 福建诏安县红星乡进水村，曾宪锋 ZXF34524、ZXF31092（CZH）；福建平和县大溪镇，曾宪锋 ZXF28566（CZH）；福建云霄县马铺乡杉脚村，陈恒彬 2391（FJSI）。

肾蕨 ***Nephrolepis cordifolia*** (Linnaeus) C. Presl, Tent. Pterid. 79. 1836.

异名: *Nephrolepis auriculata*（Linnaeus）Trimen, nom. utique rej., J. Linn. Soc., Bot. 24(160): 152. 1887.

产地: 福建各地；江西南部；浙江庆元、乐清、文成、泰顺、苍南。

分布: 福建、江西、浙江、澳门、北京、重庆、广东、广西、贵州、海南、湖南、台湾、西藏、香港、云南。孟加拉国、不丹、柬埔寨、印度、印度尼西亚、日本、韩国、老挝、马来西亚、缅甸、尼泊尔、巴基斯坦、菲律宾、新加坡、斯里兰卡、泰国、越南、澳大利亚、非洲、亚洲西南部、美洲、太平洋岛屿。

凭证标本: 福建漳州市云霄县大茂山，曾宪锋 ZXF23994（CZH）；江西龙南县，刘心祈 4549（IBSC）；浙江泰顺洋溪公社朱楼，张朝芳、王若谷 7314（PE）。

三叉蕨科 Tectariaceae

黄腺羽蕨属 *Pleocnemia* C. Presl

黄腺羽蕨 *Pleocnemia winitii* Holttum, Reinwardtia. 1: 181. 1951.

产地：福建南靖。

分布：福建、广东、广西、海南、台湾、香港、云南。印度东北部、缅甸、泰国、越南。

凭证标本：福建南靖县，anonymous 0568（PE）。

叉蕨属 *Tectaria* Cavanilles

沙皮蕨 *Tectaria harlandii* (Hook.) C. M. Kuo, Taiwania. 47: 173. 2002.

异名：*Hemigramma decurrens*（Hooker）Copeland, Philipp. J. Sci. 37（4）: 404. 1928.

产地：福建华安、南靖。

分布：福建、澳门、广东、广西、海南、台湾、香港、云南。琉球群岛、越南。

凭证标本：福建华安县，黄淑美 190550（IBSC）；福建南靖县紫荆山，曾宪锋 ZXF25731（CZH）。

条裂叉蕨 *Tectaria phaeocaulis* (Rosenstock) C. Christensen, Index Filic., Suppl. 3: 183. 1934.

产地：福建南平、南靖、龙岩。

分布：福建、江西、广东、广西、海南、湖南、台湾、香港、云南。印度尼西亚、琉球群岛、泰国、越南。

凭证标本：福建南平市溪源庵，何国生 0222（FJSI）；福建南靖县，福建队 0470（PE）；福建南平茫荡山三千八百坎，严岳鸿、金摄郎、舒江平 JSL5208（CSH）。

三叉蕨 *Tectaria subtriphylla* (Hooker & Arnott) Copeland, Philipp. J. Sci., C. 2: 410. 1907.

产地：福建德化、南平、南靖、永泰、厦门。

分布：福建、澳门、广东、广西、贵州、海南、湖南、台湾、香港、云南。印度、印度尼西亚、琉球群岛、缅甸、斯里兰卡、泰国、越南、太平洋岛屿。

凭证标本：福建德化南埕，何叶 3070（FJSI）；福建厦门市万石山，兰艳黎 07024（HUST）；福建南靖县，anonymous 0547（PE）；福建南平溪源大峡谷，严岳鸿、金摄郎、舒江平 JSL5214（CSH）。

骨碎补科 Davalliaceae

小膜盖蕨属 *Araiostegia* Copeland

鳞轴小膜盖蕨 *Araiostegia perdurans* (Christ) Copeland, Univ. Calif. Publ. Bot. 12: 397. 1931.

产地：福建武夷山、龙岩、上杭、将乐；江西铅山、武宁；浙江临安、建德、淳安、遂昌、松阳、龙泉、庆元。

分布：福建、江西、浙江、重庆、广西、贵州、湖南、四川、台湾、西藏、云南。中国特有。

凭证标本：福建上杭县步云乡梅花山，陈恒彬 1635（FJSI）；江西武夷山保护区篁碧大郎坑，严岳鸿、魏作影、夏增强 YYH15382（CSH）；浙江遂昌九龙山自然保护区杨茂源点，金摄郎、钟鑫、沈彬 JSL3555（CSH）。

骨碎补属 *Davallia* Smith

大叶骨碎补 *Davallia divaricata* Blume, Enum. Pl. Javae. 2: 237. 1828.

产地：福建南靖、诏安。

分布：福建、广东、广西、海南、湖南、台湾、香港、云南。柬埔寨、印度、印度尼西亚、老挝、马来西亚、缅甸、巴布亚新几内亚、菲律宾、泰国、越南、所罗门群岛。

凭证标本：福建南靖县紫荆山，曾宪锋 ZXF25733（CZH）；福建南靖县南坑，anonymous 546（PE）。

骨碎补 *Davallia trichomanoides* Blume, Enum. Pl. Javae. 2: 238. 1828.

异名：海州骨碎补 *Davallia mariesii* T. Moore ex Baker（1891），Ann. Bot.（Oxford）5（18）: 201-202. 1891.

产地：浙江乐清；江苏连云港；山东胶东半岛、蒙山等山区。

分布：福建、浙江、江苏、山东、辽宁、台湾、云南。不丹、印度、印度尼西亚、日本、韩国、马来西亚、缅甸、尼泊尔、巴布亚新几内亚、泰国、越南。

凭证标本：江苏连云港，刘守炉、姚淦 198109（HHBG）；山东青岛市崂山，周太炎等 1543（PE）；山东青岛崂山，商辉、汪浩 SG2120（CSH）。

阴石蕨属 *Humata* Cavanilles

杯盖阴石蕨 *Humata griffithiana* (Hooker) C. Christensen, Contr. U. S. Natl. Herb. 26: 293. 1931.

异名：圆盖阴石蕨 *Humata tyermanii* T. Moore, Gard. Chron. 1871: 870-871, f. 178. 1871.

产地：福建厦门、泉州、莆田、福清、福州、连江、德化、永泰；江西庐山、靖安、铅山；浙江海岛及沿海；安徽祁门、广德；江苏无锡、常熟、苏州、昆山；上海崇明、金山。

分布：福建、江西、浙江、安徽、江苏、上海、广东、广西、贵州、湖南、四川、台湾、西藏、云南。不丹、印度（阿萨姆邦、曼尼普尔邦）、日本（冲绳）、老挝、缅甸（景栋）、越南（童金）。

凭证标本：福建南平茫荡山三千八百坎，严岳鸿、金摄郎、舒江平 JSL5192（CSH）；江西信丰县油山，丁子林 GFS0015811（GFS）；浙江舟山岱山县高亭镇，叶喜阳 DSD012085（CSH）。

阴石蕨 *Humata repens* (Linnaeus f.) Small ex Diels in Engler & Prantl, Nat. Pflanzenfam. 1(4): 209. 1899.

产地：福建漳平、龙岩、德化、仙游、南平、屏南；江西寻乌、全南、遂川；浙江平阳、文成。

分布：福建、江西、浙江、广东、广西、贵州、海南、湖南、四川、台湾、香港、云南。柬埔寨、印度、印度尼西亚、日本、马来西亚、缅甸南部、巴布亚新几内亚、菲律宾、斯里兰卡、泰国、越南、非洲、澳大利亚、印度洋岛屿、太平洋岛屿。

凭证标本：福建屏南鸳鸯溪风景区，顾钰峰、金冬梅、魏宏宇 SG2373（CSH）；浙江平阳县南雁荡山，张朝芳、王若谷 7297（PE）；浙江南雁岩，胡先骕 50（NAS）。

水龙骨科 Polypodiaceae

连珠蕨属 *Aglaomorpha* Schott

崖姜 *Aglaomorpha coronans* (Wallich ex Mettenius) Copeland, Univ. Calif. Publ. Bot. 16: 117. 1929.

异名: *Pseudodrynaria coronans*（Wallich ex Mettenius）Ching, Sunyatsenia 6(1): 10. 1941.

产地: 福建南靖、宁德、平和。

分布: 福建、澳门、广东、广西、贵州、海南、台湾、西藏南部、云南南部。印度、琉球群岛、老挝、马来西亚、缅甸、尼泊尔、泰国、越南。

凭证标本: 福建南靖县和溪六斗山, 叶国栋 2314(PE); 福建南靖县鹅仙洞, 曾宪锋 ZXF23484(CZH); 福建平和县文峰三平寺, 陈恒彬 805(PE)。

节肢蕨属 *Arthromeris* (T. Moore) J. Smith

节肢蕨 *Arthromeris lehmannii* (Mettenius) Ching, Contr. Inst. Bot. Natl. Acad. Peiping. 2(3): 96. 1933.

产地: 福建武夷山、上杭、屏南; 江西庐山、铜鼓、黎川、萍乡、安福、井冈山、遂川、石城; 浙江松阳、庆元、临安、武义。

分布: 福建、江西、浙江、重庆、广东、广西、贵州、海南、湖北、湖南、四川、台湾、西藏、云南。不丹、印度北部、缅甸、尼泊尔、菲律宾、泰国、越南。

凭证标本: 福建武夷山保护区三港挂墩, 王希渠等 3 人 82146(NAS); 江西九江市, 梁同军 LS20160079(CSH); 江西牯岭镇三叠泉, C. Y. Chiao 1748(N)。

龙头节肢蕨 *Arthromeris lungtauensis* Ching, Contr. Inst. Bot. Natl. Acad. Peiping. 2(3): 98. 1933.

产地: 福建武夷山、南靖、上杭; 江西庐山、武宁、修水、安福、井冈山、遂川、全南、龙南; 浙江临安、淳安、遂昌、松阳、庆元。

分布: 福建、江西、浙江、重庆、广东、广西、贵州、湖北、湖南、四川、云南。老挝、尼泊尔、越南。

凭证标本: 福建武夷山自然保护区挂墩, 周喜乐、金冬梅、王莹 ZXL05516(CSH); 江西龙南县九连山黄牛石, 张宪春、陈拥军 1866(PE); 浙江昌化大明山三坑中上, 章绍尧 30595(PE)。

多羽节肢蕨 *Arthromeris mairei* (Brause) Ching, Sunyatsenia. 6(1): 6. 1941.

产地: 江西九江、遂川。

分布：江西、重庆、广西、贵州、湖北、湖南、陕西、四川、西藏、云南。印度北部、缅甸。

凭证标本：江西庐山汉阳峰东，王名金 820(NAS)；江西遂川县大汾区淋洋小水，岳俊三等 4297(NAS)。

槲蕨属 *Drynaria* (Bory) J. Smith

槲蕨 *Drynaria roosii* Nakaike, New Fl. Jap. Pterid. 841. 1992.

产地：福建各地；江西各地；浙江鄞州—东阳—淳安一线以南；安徽黄山、石台、东至。

分布：福建、江西、浙江、安徽、重庆、广东、广西、贵州、海南、湖北、湖南、青海、四川、台湾、云南。越南、老挝、柬埔寨、泰国北部、印度。

凭证标本：福建厦门鼓浪屿，叶国栋 230(PE，IBK)；福建南平溪源大峡谷，严岳鸿、金摄郎、舒江平 JSL5229(CSH)；江西武夷山保护区岑源大源坑，顾钰峰、袁泉 YYH15308(CSH)；浙江龙泉昂山，章绍尧 4553(PE，NAS)。

雨蕨属 *Gymnogrammitis* Griffith

雨蕨 *Gymnogrammitis dareiformis* (Hooker) Ching ex Tardieu & C. Christensen, Notul. Syst. (Paris). 6: 2. 1937.

产地：福建长汀；江西崇义。

分布：福建（温桂梅等，2020）、江西、广东、广西、贵州、海南、湖南、西藏、云南。不丹、印度、缅甸、尼泊尔、泰国。

凭证标本：福建长汀县童坊镇长春村白沙岭，陈炳华等 CBH03545(FNU)；江西崇义县齐云山自然保护区石碑头，严岳鸿、何祖霞 3606(HUST)。

伏石蕨属 *Lemmaphyllum* C. Presl

披针骨牌蕨 *Lemmaphyllum diversum* (Rosenstock) Tagawa, Acta Phytotax. Geobot. 14: 9. 1949.

产地：福建武夷山、南靖、仙游；江西庐山、修水、德兴、宜丰、奉新、宜春、安福、莲花、井冈山、遂川、崇义、安远、寻乌、定南、全南、龙南；浙江临安、开化、遂昌、龙泉、庆元；安徽黄山、休宁、石台。

分布：福建、江西、浙江、安徽、重庆、甘肃、广东、广西、贵州、湖北、湖南、山西、四川、台湾、香港、云南。中国特有。

凭证标本：福建仙游县，陈彬、金冬梅 CSH12677(CSH)；江西龙南县九连山黄牛石，张宪春、陈拥军等 1854（PE）；浙江临安昌化县顺溪坞内三角坑，贺贤育 26828（PE）；安徽石台大演乡牯牛降风景区，金摄郎 JSL5604（CSH）。

抱石莲 *Lemmaphyllum drymoglossoides* (Baker) Ching, Bull. Fan Mem. Inst. Biol. 4: 100. 1933.

异名： *Lepidogrammitis drymoglossoides*（Baker）Ching, Sunyatsenia 5（4）: 258. 1940.

产地： 福建南平、武夷山、华安、龙岩、长汀、屏南；江西各地；浙江杭州、安吉、淳安、建德、桐庐、诸暨、鄞州、宁海、舟山、开化、江山、武义、仙居、遂昌、松阳、龙泉、庆元、缙云、文成；安徽黄山、祁门、休宁、歙县、石台、宁国、池州、泾县、铜陵、霍山、潜山、岳西、金寨；江苏南部；上海崇明、金山。

分布： 广泛分布于长江流域。中国特有。

凭证标本： 福建屏南县园坪电站及后山涧，苏享修 CFH09011346（CSH）；江西寻乌县项山，程景福 40026（WUK）；浙江江山保安乡石鼓香溪，金摄郎、舒江平、赵国华、张锐 JSL3173（CSH）；江苏句容宝华山，金冬梅、魏宏宇、陈彬 CFH09000366（CSH）。

伏石蕨 *Lemmaphyllum microphyllum* C. Presl, Epimel. Bot. 236. 1849.

产地： 福建诏安、福州、南平、漳平、德化、南靖；江西于都、寻乌；浙江洞头、宁波。

分布： 福建、江西、浙江、安徽、澳门、广东、广西、贵州、河南、海南、湖北、湖南、台湾、西藏、香港、云南。印度东北部、日本、韩国南部、越南。

凭证标本： 福建南靖县虎伯寮保护区乐土片区，瞿华、王基宇 167（AU）；江西寻乌剑溪公社，岳俊三 2014（NAS）；浙江洞头双朴公社山头顶，杭植标 2545（HHBG）。

倒卵伏石蕨 *Lemmaphyllum microphyllum* var. *obovatum* (Harrington) C. Christensen, Dansk Bot. Ark. 6: 47. 1929.

产地： 福建漳州、南平；浙江苍南。

分布： 福建、浙江（陈贤兴等，2013）、广东、广西、海南、台湾、云南。中国特有。

凭证标本： 福建漳州，钟心煊 1391（AU）；福建南平市 3800 坎，何国生 585（PE）；浙江苍南北关岛，丁炳扬、陈贤兴、胡仁勇 156（温州大学植物标本室）。

骨牌蕨 *Lemmaphyllum rostratum* (Beddome) Tagawa in H. Hara, Fl. E. Himalaya. 493. 1966.

产地： 福建南平、平和；江西铅山、宜春、龙南；浙江临安、武义、开化、天台；安徽绩溪。

分布: 福建、江西（魏作影等，2020）、浙江、安徽、甘肃、广东、广西、贵州、海南、湖北、湖南、四川、台湾、西藏、香港、云南。不丹、柬埔寨、印度、印度尼西亚、日本、老挝、缅甸、尼泊尔、泰国、越南。

凭证标本: 江西宜春明月山乌云崖，岳俊三等 3264（WUK）；安徽绩溪清凉峰自然保护区，金摄郎、魏宏宇、张娇 JSL6145（CSH）。

鳞果星蕨属 *Lepidomicrosorium* Ching & K. H. Shing

鳞果星蕨 *Lepidomicrosorium buergerianum* (Miquel) Ching & K. H. Shing ex S. X. Xu in J. F. Cheng & G. F. Zhu, Fl. Jiangxi. 1: 322. 1993.

异名: 细辛叶鳞果星蕨 *Lepidomicrosorium asarifolium* Ching & K. H. Shing, Bot. Res. Academia Sinica 1: 11-12, t. 5, f. 3. 1983; 短柄鳞果星蕨 *L. brevipes* Ching & K. H. Shing, Bot. Res. Academia Sinica 1: 13. 1983; 常春藤鳞果星蕨 *L. hederaceum* (Christ) Ching, Bot. Res. Academia Sinica 1: 11. 1983; 攀援星蕨 *Microsorum buergerianum* (Miquel) Ching, Bull. Fan Mem. Inst. Biol. 4(10): 302-303. 1933.

产地: 江西庐山、井冈山；浙江安吉、武义、遂昌、开化、衢州、庆元。

分布: 江西、浙江、重庆、甘肃、贵州、广西、湖北、湖南、四川、台湾、云南。日本、越南北部。

凭证标本: 江西井冈山五马朝天，李中阳、卫然 JGS055（PE）；浙江武义牛头山，商辉、张锐、于俊浩 SG2987、SG2994（CSH）。

滇鳞果星蕨（云南鳞果星蕨） *Lepidomicrosorium subhemionitideum* (Christ) P. S. Wang in P. S. Wang & X. Y. Wang, Pterid. Fl. Guizhou. 382. 2001.

产地: 浙江遂昌。

分布: 浙江（新记录）、重庆、广东、广西、贵州、湖北、湖南、四川、西藏、云南。日本、不丹、印度、缅甸、尼泊尔、越南。

凭证标本: 浙江遂昌九龙山自然保护区杨茂源点（黄沙腰镇岩坪村），金摄郎、钟鑫、沈彬 JSL3543（CSH）。

表面星蕨 *Lepldomicrosorium superficiale* (Blume) Li Wang, Bot. J. Linn. Soc. 162: 36. 2010.

产地: 福建南平、上杭、顺昌；江西各地；浙江杭州、鄞州、舟山、开化、江山、遂昌、龙泉、庆元、文成、泰顺；安徽石台、祁门。

分布: 福建、江西、浙江、安徽、广东、广西、贵州、湖北、湖南、四川、台湾、西藏、云南。印度、印度尼西亚（爪哇、苏门答腊）、日本、老挝、马来西亚、缅甸、尼泊尔、泰国、越南。

凭证标本: 福建顺昌县七台山,李明生、李振宇 5582(PE);江西龙南县九连山虾公塘,张宪春、陈拥军等 1844(PE);浙江开化苏庄镇古田山自然保护区,金摄郎、魏宏宇、张娇 JSL5789(CSH);安徽石台大演乡牯牛降风景区,金摄郎 JSL5602(CSH)。

瓦韦属 *Lepisorus* (J. smith) Ching

狭叶瓦韦 *Lepisorus angustus* Ching, Bull. Fan Mem. Inst. Biol. 4: 86. 1933.

产地: 浙江南部;安徽黄山、祁门、休宁、金寨。

分布: 浙江、安徽、重庆、甘肃、广西、河南、湖北、湖南、陕西、四川、西藏、云南。中国特有。

凭证标本: 浙江临安西天目山,刘玉壶 859(NAS);安徽黄山狮子林至云谷寺途中,彭泽祥 826(NAS);安徽祁门历口镇牯牛降观音堂风景区,金摄郎 JSL5587(CSH)。

星鳞瓦韦 (黄瓦韦) *Lepisorus asterolepis* (Baker) Ching ex S. X. Xu, Fl. Jiangxi. 1: 310. 1993.

产地: 江西庐山、修水、铜鼓、萍乡、铅山、安福、井冈山、南康;浙江安吉、临安、淳安、庆元、武义、遂昌、孝丰;安徽黄山、宁国、岳西、舒城、绩溪;江苏溧阳。

分布: 江西、浙江、安徽、江苏、重庆、福建、广西、贵州、河南、湖北、湖南、陕西、四川、西藏、云南。印度南部、日本、尼泊尔。

凭证标本: 江西修水黄龙山,熊耀国 05683(PE);浙江孝丰县,贺贤育 24224(PE);浙江遂昌九龙山自然保护区,金摄郎、钟鑫、沈彬 JSL3566(CSH);安徽岳西主簿镇枯井园自然保护区,金摄郎 JSL2944、JSL2997(CSH)。

扭瓦韦 *Lepisorus contortus* (Christ) Ching, Bull. Fan Mem. Inst. Biol. 4: 90. 1933.

产地: 福建南平、武夷山;江西玉山、井冈山、遂川;浙江临安、鄞州、舟山、开化、遂昌、庆元、温州;安徽黄山、歙县。

分布: 福建、江西、浙江、安徽、重庆、甘肃、广西、贵州、河南、湖北、湖南、陕西、四川、西藏、云南。不丹、印度北部、尼泊尔。

凭证标本: 江西庐山,张宪春 2090(PE);安徽黄山山麓,Toshiyuki Nakaike 958(KUN)。

庐山瓦韦 *Lepisorus lewisii* (Baker) Ching, Bull. Fan Mem. Inst. Biol. 4: 65. 1933.

产地: 福建闽侯、建瓯、南平、武夷山、屏南;江西庐山、新建、上饶、井冈山、大余、鹰潭；浙江临安、诸暨、宁海、开化、天台、遂昌、龙泉、庆元、云和、缙云、丽水、瑞安、文成、泰顺、开化；安徽黄山、休宁、池州、石台、歙县。

分布：福建、江西、浙江、安徽、广东、广西、贵州、海南、湖北、湖南、四川。中国特有。

凭证标本：福建武夷山自然保护区桃源峪，周喜乐、金冬梅、王莹 ZXL05530(CSH)；江西鹰潭市龙虎山，商辉、顾钰峰 SG326(CSH)；浙江瑞安县，章绍尧 6561(PE)；安徽石台大演乡牯牛降风景区，金摄郎 JSL5676(CSH)。

大瓦韦 *Lepisorus macrosphaerus* (Baker) Ching, Bull. Fan Mem. Inst. Biol. 4: 73. 1933.

产地：江西铜鼓、铅山、庐山、武宁、南康、靖安、宜丰、黎川、萍乡、修水；浙江临安；安徽黄山。

分布：江西、浙江、安徽、重庆、甘肃、广西、贵州、河南、湖北、四川、西藏、云南。中国特有。

凭证标本：江西铜鼓县大沩山土地坑，熊杰 04596、04638(LBG)；浙江天目山外黄塘，袁昌齐、岳俊三 1293(NAS)；安徽黄山至松谷庵途中，岳俊三 1847(NAS)。

有边瓦韦 *Lepisorus marginatus* Ching, Fl. Tsinling. 2: 233. 1974.

产地：江西九江、芦溪、安福、铅山；浙江临安；安徽霍山；山东崂山。

分布：江西、浙江、安徽、山东、重庆、甘肃、贵州（威宁）、河北、河南、湖北、陕西、山西、四川、云南。中国特有。

凭证标本：浙江临安西天目山老殿下，裘佩熹 5263(PE)；安徽霍山县，邓懋彬、姚淦 80615(NAS)。

丝带蕨 *Lepisorus miyoshianus* (Makino) Fraser-Jenkins & Subh. Chandra, Taxon. Revis. Indian Subcontinental Pteridophytes. 37. 2008.

异名：*Drymotaenium miyoshianum*（Makino）Makino, Bot. Mag. 15: 102. 1901.

产地：福建长汀、上杭；江西井冈山；浙江临安、遂昌、龙泉、庆元。

分布：福建（林沁文，2015）、江西、浙江、安徽、重庆、甘肃、广东、贵州、湖北、湖南、陕西、四川、台湾、西藏、云南。印度东北部、日本。

凭证标本：福建上杭步云乡，陈恒彬 1629(FJSI)；江西井冈山，赖书绅、杨如菊、黄大付 4457(IBK)；浙江遂昌九龙山，姚关琥 5821(PE)。

粤瓦韦 *Lepisorus obscurevenulosus* (Hayata) Ching, Bull. Fan Mem. Inst. Biol. 4: 76. 1933.

产地：福建连城、德化、建宁、武夷山、南平、屏南、上杭；江西铅山、庐山、玉山、井冈山、遂川、石城、寻乌；浙江临安、江山、开化、淳安、遂昌、松阳、龙泉、庆元、缙云、丽水、瑞安、泰顺；安徽休宁。

分布：福建、江西、浙江、安徽、重庆、广东、广西、贵州、湖南、四川、台湾、云南。日本、越南。

凭证标本：福建建宁王坪栋，李振宇 10879(PE)；福建上杭县步云乡桂和村梅花山，陈恒彬 1625(FJSI)；江西庐山碧玉庵，董安森 2004(JJF)；浙江遂川县营盘墟乡桐古村，谭策铭、易桂花、陈昭明 10879(JJF，CCAU)。

稀鳞瓦韦 *Lepisorus oligolepidus* (Baker) Ching, Bull. Fan Mem. Inst. Biol. 4: 80. 1933.

产地：福建武夷山；江西庐山、彭泽、武宁、萍乡；浙江安吉、临安、淳安、富阳、开化、江山、东阳、遂昌、龙泉、庆元、缙云、乐清；安徽黄山、九华山、祁门、休宁。

分布：福建、江西、浙江、安徽、重庆、广东、广西、贵州、河南、湖北、湖南、陕西、四川、西藏、云南。印度、缅甸、日本。

凭证标本：福建武夷山天心寺，王名金 3108(PE)；江西庐山，秦仁昌 64(LBG)；浙江遂昌九龙山，姚关琥 6026(PE)；安徽祁门安凌镇九龙池风景区，金摄郎 JSL5472(CSH)。

瓦韦 *Lepisorus thunbergianus* (Kaulfuss) Ching, Bull. Fan Mem. Inst. Biol. 4: 88. 1933.

产地：福建福州、武夷山、平和、南靖、上杭、连城、龙岩、屏南；江西各地；浙江杭州、淳安、鄞州、宁海、普陀、开化、金华、东阳、磐安、仙居、天台、遂昌、松阳、龙泉、庆元、云和、缙云、乐清、文成、泰顺、苍南；安徽黄山、九华山、潜山、宁国、歙县、岳西、石台、金寨、舒城、休宁；江苏句容、溧阳、宜兴；山东胶东半岛、蒙山；上海崇明、金山、松江。

分布：福建、江西、浙江、安徽、江苏、山东、上海、澳门、北京、重庆、甘肃、广东、广西、贵州、海南、河南、湖北、湖南、山西、四川、台湾、西藏、香港、云南。不丹、印度东北部、日本、克什米尔地区、韩国、尼泊尔、菲律宾。

凭证标本：江西资溪县马头山黄连坑，谭策铭、易发兵 06130(HUST)；浙江临安西天目山，金摄郎、张锐、刘莉 JSL4268(CSH)；安徽休宁县岭南林场黄土岭，姚淦 11237(NAS)。

阔叶瓦韦 *Lepisorus tosaensis* (Makino) H. Itô, J. Jap. Bot. 11: 93. 1935.

异名：宝华山瓦韦 *Lepisorus paohuashanensis* Ching, Fl. Jiangsuensis 1: 74, 467, f.

113. 1977.

产地: 福建德化、南平、武夷山、屏南;江西铅山、庐山、井冈山、武宁、奉新、广昌、修水、宜丰、寻乌;浙江杭州、鄞州、开化、江山、遂昌、庆元、苍南、淳安、建德、舟山、金华、龙泉、乐清、安吉、武义;安徽黄山、黟县、马鞍山、祁门、休宁、石台、绩溪;江苏苏南地区;上海崇明、金山、松江。

分布: 福建、江西、浙江、安徽、江苏、上海、重庆、广东、广西、贵州、海南、湖北、湖南、四川、台湾、新疆、西藏、香港、云南。日本、韩国、越南。

凭证标本: 福建武夷山自然保护区桃源峪,周喜乐、金冬梅、王莹 ZXL05531(CSH);浙江开化古田山,张宪春 6718(PE);安徽绩溪清凉峰自然保护区,金摄郎、魏宏宇、张娇 JSL6152(CSH);江苏句容宝华山,金冬梅、魏宏宇、陈彬 CFH09000375(CSH)。

乌苏里瓦韦 *Lepisorus ussuriensis* (Regel & Maack) Ching, Bull. Fan Mem. Inst. Biol. 4: 91. 1933.

产地: 安徽黄山、九华山、绩溪;山东泰山、蒙山、昆嵛山、牙山、崂山、徂徕山。

分布: 江西、浙江、安徽、山东、北京、河北、河南、黑龙江、吉林、辽宁、内蒙古、山西。日本、韩国、俄罗斯。

凭证标本: 安徽绩溪清凉峰,邓懋彬 89028(NAS);山东泰山极顶西沟,崔顺昌 169(PE)。

远叶瓦韦 *Lepisorus ussuriensis* var. *distans* (Makino) Tagawa, Acta Phytotax. Geobot. 11: 236. 1942.

异名: *Lepisorus distans*(Makino)Ching, Acta Phytotax. Sin. 10(4): 302. 1965.

产地: 江西庐山、武宁、铜鼓、铅山;浙江临安;安徽黄山、九华山、潜山、祁门、休宁;山东泰山、蒙山、胶东半岛各山区。

分布: 江西、浙江、安徽、山东。日本、韩国。

凭证标本: 江西铜鼓县大沩山土地坑,熊杰 04626(LBG);浙江临安昌化镇,贺贤育 23393、23428(HHBG);安徽黄山桃花峰,anonymous 2539(HHBG)。

薄唇蕨属 *Leptochilus* Kaulfuss

胄叶线蕨 *Leptochilus* × *hemitomus* (Hance) Nooteboom, Blumca. 42: 293. 1997.

异名: *Colysis hemitoma*(Hance)Ching, Bull. Fan Mem. Inst. Biol. 4: 326. 1933.

产地: 福建南平、南靖、上杭、永安、沙县;江西井冈山、南康、崇义、大余、会昌、全南、龙南、安远、寻乌、崇义。

分布: 福建、江西、浙江、广东、广西、贵州、海南、湖南、四川。日本、印度尼西亚、马来西亚、越南。

凭证标本： 福建南平溪源大峡谷，严岳鸿、金摄郎、舒江平 JSL5216、JSL5218（CSH）；福建南平延平区茫荡山，何国生 8134（IBSC）；江西崇义县齐云山保护站 – 龙背，严岳鸿、何祖霞 3779（HUST）。

线蕨 *Leptochilus ellipticus* (Thunberg) Nooteboom, Blumea. 42: 283. 1997.

异名： *Colysis elliptica* (Thunberg) Ching, Bull. Fan Mem. Inst. Biol. 4(10): 333. 1933.

产地： 福建各地；江西各地；浙江杭州、诸暨、鄞州、宁海、开化、天台、龙泉、庆元、乐清、文成、遂昌、开化；安徽祁门、铜陵、石台；江苏宜兴。

分布： 福建、江西、浙江、安徽、江苏、澳门、重庆、甘肃、广东、广西、贵州、海南、湖南、四川、台湾、香港、西藏、云南。不丹、印度、日本、韩国、缅甸、尼泊尔、菲律宾、泰国、越南。

凭证标本： 福建南平溪源大峡谷，严岳鸿、金摄郎、舒江平 JSL5217（CSH）；江西安福县大布乡，张代贵、陈功锡 LXP-06-0235（SYS，JIU）；浙江遂昌九龙山保护区罗汉源点，金摄郎、钟鑫、沈彬 JSL3467（CSH）；安徽祁门牯牛降观音堂风景区，金摄郎 JSL5590（CSH）。

曲边线蕨 *Leptochilus ellipticus* var. *flexilobus* (Christ) X. C. Zhang, Lycophytes Ferns China. 652. 2012.

异名： *Colysis flexiloba* (Christ) Ching, Bull. Fan Mem. Inst. Biol. 4(10): 330-331. 1933.

产地： 江西铜鼓、奉新、萍乡、永新、井冈山、安远、鹰潭、武宁。

分布： 江西、重庆、广西、贵州、湖南、四川、台湾、云南。越南。

凭证标本： 江西井冈山，徐声修 8310276（PE，JXU）；江西武宁县罗溪石门寺，张吉华 98622（JJF）。

宽羽线蕨 *Leptochilus ellipticus* var. *pothifolius* (Buchanan-Hamilton ex D. Don) X. C. Zhang, Lycophytes Ferns China. 653. 2012.

异名： *Colysis pothifolia* (Buchanan-Hamilton ex D. Don) C. Presl, Epimel. Bot. 148. 1849.

产地： 福建厦门、南靖、福清、福州、永泰、南平、武夷山、屏南、建瓯、泰宁；江西各地；浙江鄞州、普陀、温州、泰顺、文成、镇海。

分布： 福建、江西、浙江、重庆、广东、广西、贵州、海南、湖北、湖南、台湾、香港、云南。不丹、印度、日本、缅甸、尼泊尔、菲律宾、泰国、越南。

凭证标本： 福建宁德屏南县，苏享修 CFH09010519（CSH）；江西安福武功山沙坪，岳俊三等 2995（NAS）；浙江文成石坪，X. C. Zhang 3581（PE）；浙江镇海，贺贤育 27348（NAS）。

断线蕨 *Leptochilus hemionitideus* (C. Presl) Nooteboom, Blumea. 42: 285. 1997.

异名: *Colysis hemionitidea*（C. Presl）C. Presl, Abh. Königl. Böhm. Ges. Wiss., ser. 5, 6: 507. 1851.

产地: 福建南靖、平和;江西全南、安远。

分布: 福建、江西、安徽、广东、广西、贵州、海南、湖南、四川、台湾、西藏、香港、云南。不丹、印度、日本、尼泊尔、泰国。

凭证标本: 福建南靖树海,厦大采集队 237(PE);福建平和县大溪灵通山,何国生 0469(PE, FJSI);江西全南县茅山新桥,程景福 64436(JXU);江西赣州安远东江源,曾宪锋 ZXF14017(CZH)。

矩圆线蕨 *Leptochilus henryi* (Baker) X. C. Zhang, Lycophytes Ferns China. 654. 2012.

异名: *Colysis henryi*（Baker）Ching, Bull. Fan Mem. Inst. Biol. 4(10): 325-326. 1933; 长柄线蕨 *Colysis lioui* Ching, Fl. Fujianica 1: 602. 1982.

产地: 福建屏南、建瓯;江西庐山、铜鼓、宜丰、资溪、贵溪、安福、崇义;浙江杭州、淳安、常山、龙泉、江山;安徽祁门、休宁、宁国、霍山、潜山;江苏宜兴。

分布: 福建、江西、浙江、安徽、江苏、重庆、广西、贵州、湖北、湖南、陕西、四川、台湾、云南。中国特有。

凭证标本: 福建屏南鸳鸯溪风景区,顾钰峰、金冬梅、魏宏宇 SG2367(CSH);江西安福武功山,岳俊三等 3300(PE, NAS);浙江江山,金摄郎、舒江平、赵国华、张锐 JSL3122(CSH);安徽祁门历口镇牯牛降观音堂风景区,金摄郎 JSL5592(CSH)。

绿叶线蕨 *Leptochilus leveillei* (Christ) X. C. Zhang & Nooteboom, Fl. China. 2&3: 835. 2013.

异名: *Colysis leveillei*（Christ）Ching, Bull. Fan Mem. Inst. Biol. 4(10): 323-324. 1933.

产地: 福建福州、南靖、厦门;江西寻乌、龙南。

分布: 福建、江西、广东、广西、贵州、湖南。中国特有。

凭证标本: 福建南靖南坑,福建队 518(PE);福建厦门大岭溪后山,厦大采集队 1278(PE)。

褐叶线蕨 *Leptochilus wrightii* (Hooker & Baker) X. C. Zhang, Lycophytes Ferns China. 656. 2012.

异名: *Colysis wrightii*（Hooker & Baker）Ching, Bull. Fan Mem. Inst. Biol. 4(10): 324-325. 1933.

产地: 福建南靖；江西安远、南康、大余；浙江泰顺、平阳、苍南。

分布: 福建、江西、浙江、广东、广西、贵州、湖南、台湾、香港、云南。日本、越南。

凭证标本: 江西赣州市南康区，聂敏祥、户而恒、宋学德、余水良 9873(SCIB)；江西大余县，聂敏祥、户而恒、宋学德、余水良 9407(SCIB)。

剑蕨属 *Loxogramme* (Blume) C. Presl

黑鳞剑蕨 *Loxogramme assimilis* Ching, Bull. Dept. Biol. Sun Yatsen Univ. 6: 31. 1933.

产地: 江西鹰潭。

分布: 江西、重庆、广西、贵州、海南、四川、云南。越南北部。

凭证标本: 江西省鹰潭市龙虎山，商辉、顾钰峰 SG328(CSH)。

中华剑蕨 *Loxogramme chinensis* Ching, Sinensia. 1: 13. 1929.

产地: 福建武夷山、南平、屏南、泰宁；江西铅山、庐山、井冈山、安福、龙南；浙江淳安、遂昌、龙泉、庆元、磐安；安徽金寨、绩溪。

分布: 福建、江西、浙江、安徽、重庆、广东、广西、贵州、湖南、四川、台湾（高雄、南投、台中）、西藏、云南。不丹、印度、缅甸、尼泊尔、泰国、越南。

凭证标本: 福建泰宁县猫儿山，顾钰锋、商辉 SG063(CSH)；江西安福武功山林场，严岳鸿、周劲松 3242(HUST)；安徽绩溪清凉峰自然保护区，金摄郎、魏宏宇、张娇 JSL6137(CSH)。

褐柄剑蕨 *Loxogramme duclouxii* Christ, Bull. Acad. Int. Géogr. Bot. 16: 140. 1907.

产地: 福建武夷山；江西铅山、庐山、井冈山；浙江临安、淳安、开化、遂昌、龙泉、庆元、江山；安徽黄山、金寨、绩溪。

分布: 福建、江西、浙江、安徽、重庆、甘肃、广西、贵州、河南、湖北、湖南、陕西、四川、台湾、云南。印度东北部、日本、韩国、泰国、越南北部。

凭证标本: 福建武夷山三港，王名金、黄伯兴、单汉荣、陈志平 1902(NAS)；江西武夷山篁碧大郎坑，严岳鸿、魏作影、夏增强 YYH15253、YYH15371(CSH)；浙江龙泉，章绍尧 4778(PE)；安徽绩溪县伏岭镇永来村，金摄郎、魏宏宇、张娇 JSL6125(CSH)。

匙叶剑蕨 *Loxogramme grammitoides* (Baker) C. Christensen, Index Filic., Suppl. 2: 21. 1917.

产地: 福建武夷山、将乐；江西庐山、修水、萍乡、安福、井冈山、遂川；浙江临安、淳安、遂昌；安徽黄山、祁门、金寨、霍山。

分布：福建、江西、浙江、安徽、重庆、甘肃、贵州、河南、湖北、湖南、陕西、四川、台湾、西藏、云南。日本。

凭证标本：福建将乐陇西山主峰，陇西山考察队 865（PE）；江西井冈山五马朝天，李中阳、卫然 JGS049（PE）；浙江遂昌杨茂源保护站，周喜乐、舒江平、葛斌杰、宋以刚 ZXL06559（CSH）；安徽祁门安凌镇大洪岭林场，金摄郎 JSL5580（CSH）。

柳叶剑蕨 *Loxogramme salicifolia* (Makino) Makino, Bot. Mag. (Tokyo). 19: 138. 1905.

产地：福建泰宁、龙岩、永泰、建阳、武夷山；江西铅山、武功山、黎川、南丰、井冈山、寻乌；浙江临安、淳安、武义、遂昌、龙泉、乐清、文成、泰顺、苍南、庆元；安徽黄山、歙县、祁门。

分布：福建、江西、浙江、安徽、重庆、甘肃、广东、广西、贵州、河南、湖北、湖南、陕西、四川、台湾、西藏、香港、云南。日本、韩国（济州岛）、印度北部、越南北部。

凭证标本：福建泰宁县蕉溪电厂大井，李明生 544（PE）；浙江泰顺洋溪公社林场，张朝芳 9178（PE）；安徽祁门历口镇牯牛降观音堂风景区，金摄郎 JSL5594（CSH）。

锯蕨属 *Micropolypodium* Hayata

锯蕨 *Micropolypodium okuboi* (Yatabe) Hayata, Bot. Mag. (Tokyo). 42: 341. 1928.

产地：福建武夷山；江西铅山；浙江龙泉。

分布：福建、江西（魏作影等，2020）、浙江、广东、广西、贵州、海南、湖南、台湾。日本。

凭证标本：福建武夷山黄岗山黄杨林，王希蕖 84112（NAS）；福建武夷山黄岗山，张永田 82037（PE）；江西武夷山保护区叶家厂大坑，顾钰峰、夏增强 YYH15348（CSH）。

星蕨属 *Microsorum* Link

羽裂星蕨 *Microsorum insigne* (Blume) Copeland, Univ. Calif. Publ. Bot. 16: 112. 1929.

异名： *Microsorum dilatatum*（Wallich ex Beddome）Sledge, Bull. Brit. Mus.（Nat. Hist.）, Bot. 2: 143. 1960.

产地：福建南靖、武平；江西虔南。

分布: 福建、江西、重庆、广东、广西、贵州、海南、湖南、四川、台湾、西藏、香港、云南。不丹、印度、印度尼西亚、日本、马来西亚、缅甸、尼泊尔、菲律宾、斯里兰卡、泰国、越南。

凭证标本: 福建南靖县，吴兆洪 150143（IBSC）；福建武平县，梅花山队 176（IBSC）；江西虔南市，刘心祈 4174（IBSC）。

膜叶星蕨 *Microsorum membranaceum* (D. Don) Ching, Bull. Fan Mem. Inst. Biol. 4(10): 309. 1933.

异名: 滇星蕨 *Microsorum hymenodes*（Kunze）Ching, Bull. Fan Mem. Inst. Biol., Bot. 4(10)：301. 1933.

产地: 福建上杭。

分布: 福建、重庆、广东、广西、贵州、海南、四川、台湾、西藏、云南。不丹、印度、克什米尔地区、缅甸、尼泊尔、斯里兰卡、泰国、越南。

凭证标本: 福建上杭县步云乡邱山，陈恒彬 2231、2177（FJSI）。

有翅星蕨 *Microsorum pteropus* (Blume) Copeland, Univ. Calif. Publ. Bot. 16: 112. 1929.

产地: 福建厦门、南靖、龙岩；江西崇义、龙南。

分布: 福建、江西、广东、广西、贵州、海南、湖南、台湾、香港、云南。印度、印度尼西亚、日本、老挝、马来西亚、缅甸、尼泊尔、巴布亚新几内亚、菲律宾、泰国、越南。

凭证标本: 福建南靖县和溪，曾沧江 AU051923（AU）；江西崇义县白溪聂都乡途中，赖书绅，黄大付，徐声修等 4071（LBG）。

盾蕨属 *Neolepisorus* Ching

江南星蕨 *Neolepisorus fortunei* (T. Moore) Li Wang, Bot. J. Linn. Soc. 162: 36. 2010.

产地: 福建各地；江西各地；浙江各地；安徽黟县、歙县、祁门、休宁、石台、宁国、铜陵、潜山；江苏宜兴。

分布: 福建、江西、浙江、安徽、江苏、重庆、甘肃、广东、广西、贵州、海南、河南、湖北、湖南、陕西、四川、台湾、西藏、香港、云南。马来西亚、缅甸、越南。

凭证标本: 福建安溪湖头镇竹山村，林秦文 227（BJFC）；江西靖安县石境，张吉华 015（IBSC）；浙江江山廿八都镇浮盖山，金摄郎、舒江平、赵国华、张锐 JSL3189（CSH）；安徽石台仙寓镇仙寓山风景区，金摄郎、商辉、莫日根高娃、罗俊杰 JSL5654(CSH)。

卵叶盾蕨 *Neolepisorus ovatus* (Wallich ex Beddome) Ching, Acta Phytotax. Sin. 9: 99. 1964.

产地: 福建武夷山、上杭、龙岩、连城、永安、德化、南平、屏南;江西各地;浙江杭州、安吉、淳安、诸暨、鄞州、天台、遂昌、龙泉、庆元、乐清、泰顺、苍南、桐庐、缙云、文成;安徽黄山、祁门、休宁、池州、黟县、宁国、铜陵、霍山、石台;江苏宜兴、溧阳。

分布: 福建、江西、浙江、安徽、江苏、重庆、广东、广西、贵州、湖北、湖南、四川、云南。越南。

凭证标本: 福建武夷山桐木乡三港,裴佩熹 1822(PE);江西芦溪县武功山,张代贵、陈功锡 LXP-06-2785(JIU);浙江安吉县龙王山二道坑,杭植标 3237(HHBG);安徽休宁齐云山镇齐云山风景区,金摄郎 JSL5436(CSH)。

三角叶盾蕨 *Neolepisorus ovatus* f. *deltoideus* (Baker) Ching, Acta Phytotax. Sin. 9(1): 99. 1964.

产地: 安徽黟县、祁门。

分布: 安徽、重庆、贵州、四川。中国特有。

凭证标本: 安徽祁门安凌镇大洪岭林场,金摄郎 JSL5573(CSH)。

滨禾蕨属 *Oreogrammitis* Copeland

短柄滨禾蕨(短柄禾叶蕨) *Oreogrammitis dorsipila* (Christ) Parris, Gard. Bull. Singapore. 58: 259. 2007.

产地: 福建武夷山、将乐、德化;江西崇义、芦溪;浙江遂昌、江山。

分布: 福建、江西、浙江、广东、广西、贵州、海南、湖南、台湾、香港、云南。柬埔寨、日本、老挝、泰国、越南。

凭证标本: 福建武夷山桐木乡七里桥,裴佩熹 1720(PE);江西崇义县齐云山石碑头,严岳鸿 4329(HUST);浙江遂昌九龙山黄坛坷 – 上了坑,姚关琥 5784(PE)。

拟水龙骨属 *Polypodiastrum* Ching

蒙自拟水龙骨 *Polypodiastrum mengtzeense* (Christ) Ching, Acta Phytotax. Sin. 16(4) : 28. 1978

产地: 福建长汀。

分布: 福建(温桂梅等,2020)、云南、广西、广东、台湾。中国特有。

凭证标本: 福建省长汀县童坊镇马罗村后山,陈炳华等 CBH03592(FNU)。

水龙骨属 *Polypodiodes* Ching

友水龙骨 *Polypodiodes amoena* (Wallich ex Mettenius) Ching, Acta Phytotax. Sin. 16(4): 27. 1978.

产地: 江西庐山、井冈山、遂川、崇义、大余、全南、龙南、定南、寻乌、安远;浙江临安、淳安、开化、遂昌;安徽黄山、九华山、潜山、金寨。

分布: 江西、浙江、安徽、重庆、广东、广西、贵州、海南、河南、湖北、湖南、山西、四川、台湾、西藏、云南。不丹、印度、老挝、缅甸、尼泊尔、泰国、越南。

凭证标本: 江西崇义齐云山保护站–龙背,严岳鸿、何祖霞 3761(HUST);江西安远三百山,刘良源、叶红斌 07021(JJF);安徽九华山,傅立国 0868(NAS)。

中华水龙骨 *Polypodiodes chinensis* (Christ) S. G. Lu, Acta Bot. Yunnan. 21: 24. 1999.

异名: 假友水龙骨 *Polypodium pseudoamoenum* Ching, Contr. Inst. Bot. Natl. Acad. Peiping 2: 45. 1933. nom. inval.

产地: 福建武夷山;江西庐山、修水、铜鼓、安福;浙江临安、遂昌;安徽黄山、石台、舒城、绩溪、九华山、潜山。

分布: 福建、江西、浙江、安徽、甘肃、广东、贵州、河北、河南、湖北、湖南、江苏、山西、陕西、四川、台湾、云南。中国特有。

凭证标本: 福建武夷山墨村公社三港,武夷山考察队 2270(IBSC);江西武宁县罗溪乡石门寺,谭策铭、张吉华 9608071(JJF);安徽黄山市黄山风景区(白鹅岭站探海松),金摄郎 JSL5246(CSH)。

日本水龙骨 *Polypodiodes niponica* (Mettenius) Ching, Acta Phytotax. Sin. 16(4): 27. 1978.

产地: 福建武夷山、南靖、漳平、德化、永安、南平、武夷山、浦城、将乐;江西各地;浙江杭州、淳安、建德、桐庐、诸暨、鄞州、宁海、开化、金华、东阳、武义、仙居、临海、遂昌、松阳、龙泉、庆元、文成、泰顺;安徽黄山、祁门、歙县、休宁、池州、泾县、宁国、铜陵、岳西、石台、金寨、舒城;江苏宜兴、溧阳。

分布: 福建、江西、浙江、安徽、江苏、重庆、甘肃、广东、广西、贵州、河南、湖北、湖南、山西、四川、台湾、西藏、云南。印度东北部、日本、越南。

凭证标本: 福建将乐陇西山沙溪子,陇西山考察队 0377(PE);江西玉山县三清山,Toshiyuki Nakaike 715(KUN);浙江开化古田山保护区,金摄郎、魏宏宇、张娇 JSL5768、JSL5773(CSH);江苏溧阳市松岭,刘启新等 116(NAS)。

石韦属 *Pyrrosia* Mirbel

贴生石韦 *Pyrrosia adnascens* (Swartz) Ching, Bull. Chin. Bot. Soc. 1: 45. 1935.

产地：福建南靖、漳州、华安、厦门、龙海。

分布：福建、澳门、广东、广西、海南、湖南、台湾、香港、云南。柬埔寨、印度北部、尼泊尔、泰国、越南。

凭证标本：福建南靖和溪六斗山，叶国栋 1698（FJSI）；福建漳州龙海市倒桥，蔡国梁 100（FJSI）；福建厦门市同安区莲花乡沃溪村，陈恒彬 2310（FJSI）。

石蕨 *Pyrrosia angustissima* (Giesenhagen ex Diels) Tagawa & K. Iwatsuki, Acta Phytotax. Geobot. 26: 171. 1975.

异名：*Saxiglossum angustissimum*（Giesenhagen ex Diels）Ching, Acta Phytotax. Sin. 10（4）：301. 1965.

产地：福建武夷山；江西庐山、瑞昌、武宁、修水、铜鼓、宜丰、靖安、新建、德兴、铅山、井冈山；浙江杭州、淳安、诸暨、东阳、武义、仙居、遂昌、龙泉、庆元、缙云、文成、泰顺、苍南、安吉、开化；安徽黄山、九华山、休宁、歙县、祁门。

分布：福建、江西、浙江、安徽、重庆、甘肃、广东、广西、贵州、河南、湖北、湖南、山西、陕西、四川、台湾、云南。日本、泰国。

凭证标本：福建武夷山自然保护区，林秦文 20060220（BJFC）；江西铅山县叶家厂管理站，李中阳、张斌 PT618（GNNU）；浙江安吉龙王山，金冬梅、罗俊杰、魏宏宇 Fern09842（CSH）；安徽祁门察坑至圆通庵途中，邓懋彬 5188（PE）。

相近石韦 *Pyrrosia assimilis* (Baker) Ching, Bull. Chin. Bot. Soc. 1: 49. 1935.

产地：福建连城、永泰、南平、武夷山、泰宁；江西庐山、修水、乐平、广丰、广昌、井冈山、安远、龙南；浙江杭州、诸暨、常山、东阳、武义、龙泉、江山；安徽黄山、石台、祁门、休宁、铜陵。

分布：福建、江西、浙江、安徽、重庆、广东、广西、贵州、河南、湖北、湖南、四川、新疆、云南。中国特有。

凭证标本：福建泰宁大布公社暗岭山，李明生 861（PE）；江西龙南九连山花露，张宪春、陈拥军等 1917（HUST）；浙江江山廿八都镇浮盖山，金摄郎、舒江平、赵国华、张锐 JSL3227（CSH）；安徽石台占大镇新华村，金摄郎 JSL5710（CSH）。

光石韦 *Pyrrosia calvata* (Baker) Ching, Bull. Chin. Bot. Soc. 1: 62. 1935.

产地：福建武夷山、永安、厦门、屏南、泰宁；江西崇义、龙南、全南、安福；浙江建德、庆元、乐清、文成、龙泉；安徽祁门、休宁。

分布：福建、江西、浙江、安徽、重庆、甘肃、广东、广西、贵州、海南、河南、湖北、湖南、陕西、四川、云南。中国特有。

凭证标本：福建泰宁大布公社善溪，李明生 936(PE)；江西龙南九连山大丘田，张宪春、陈拥军等 1888(PE)；浙江龙泉，章绍尧 22697(NAS)；安徽祁门安凌镇广大村，金摄郎 JSL5507(CSH)；安徽休宁齐云山镇齐云山风景区，金摄郎 JSL5412(CSH)。

华北石韦 *Pyrrosia davidii* (Giesenhagen ex Diels) Ching, Acta Phytotax. Sin. 10: 301. 1965.

产地：山东泰山、蒙山、徂徕山。

分布：山东、北京、重庆、甘肃、贵州、河北、河南、湖北、湖南、辽宁、内蒙古、宁夏、陕西、山西、四川、台湾、天津、西藏、云南。中国特有。

凭证标本：山东泰山极顶西沟，崔顺昌 124(PE)；山东泰山，李法曾 054(PE)。

戟叶石韦 *Pyrrosia hastata* (Houttuyn) Ching, Bull. Chin. Bot. Soc. 1: 48. 1935.

异名：三尖石韦 *Pyrrosia tricuspis*（Swartz）Tagawa, J. Jap. Bot. 32(12)：354–356. 1957.

产地：安徽潜山、霍山、岳西。

分布：安徽。日本、韩国。

凭证标本：安徽岳西包家乡鹞落坪自然保护区，金摄郎 JSL3043(CSH)。

石韦 *Pyrrosia lingua* (Thunberg) Farwell, Amer. Midl. Naturalist. 12: 302. 1931.

产地：福建各地；江西各地；浙江各地；安徽黄山、歙县、潜山、休宁、祁门、池州、铜陵、霍山、金寨；江苏宜兴、溧阳。

分布：福建、江西、浙江、安徽、江苏、澳门、重庆、甘肃、广东、广西、贵州、海南、河南、湖北、湖南、四川、台湾、西藏、香港、云南。印度、日本、韩国、缅甸、越南。

凭证标本：福建长汀归龙山，胡启明 3746(PE)；江西武宁县铁门闸，谭策铭 97013(PE)；江苏宜兴龙池山，沈隽 1020(NAS)；浙江安吉龙王山，金冬梅、罗俊杰、魏宏宇 Fern09804、Fern09850(CSH)。

有柄石韦 *Pyrrosia petiolosa* (Christ) Ching, Bull. Chin. Bot. Soc. 1: 59. 1935.

产地：福建泰宁；江西庐山、九江、宜黄；浙江各地；安徽九华山、休宁、潜山、青阳、旌德、岳西、石台、金寨；江苏各地；山东中南山区、胶东半岛丘陵。

分布：福建（顾钰峰等，2015）、江西、浙江、安徽、江苏、山东、重庆、甘肃、广西、贵州、河北、河南、黑龙江、湖北、湖南、吉林、辽宁、内蒙古、山西、陕西、四川、天津、云南。韩国、蒙古、俄罗斯。

凭证标本: 福建泰宁县猫儿山,商辉、顾钰峰 SG133(CSH);江西九江,王名金 0177(PE);浙江临安西天目山,关克俭 75417(PE);安徽休宁齐云山,金摄郎 JSL5433(CSH);江苏句容宝华山,金冬梅、魏宏宇、陈彬 CFH09000359(CSH)。

庐山石韦 _Pyrrosia sheareri_ (Baker) Ching, Bull. Chin. Bot. Soc. 1: 64. 1935.

产地: 福建永安、武夷山、泰宁;江西各地;浙江临安、安吉、淳安、桐庐、诸 暨、宁海、江山、开化、常山、遂昌、龙泉、庆元、缙云、文成;安徽黄山、九 华山、休宁、祁门、歙县、岳西、石台、金寨。

分布: 福建、江西、浙江、安徽、重庆、广东、广西、贵州、河南、湖北、湖南、 四川、台湾、云南。越南。

凭证标本: 福建泰宁县,商辉、顾钰峰 SG169(CSH);江西庐山黄龙庵,董 安森 2163(JJF);浙江临安清凉峰,金摄郎、魏宏宇、张娇 JSL5970、 JSL6028(CSH);安徽九华山小天台,华东工作站同人 6013(PE)。

修蕨属 _Selliguea_ Bory

灰鳞假瘤蕨 _Selliguea albipes_ (C. Christensen & Ching) S. G. Lu, Hovenkamp & M. G. Gilbert, Fl. China 2&3: 782. 2013.

产地: 福建上杭、武平;江西井冈山、寻乌。

分布: 福建、江西、广东、广西(瑶山)、湖南、云南。中国特有。

凭证标本: 福建武平县梁野山,曾宪锋 ZXF13621(CZH);江西井冈山市笔架山, 施诗、凡强、石祥刚、谢行、李朋远 JGS-254(SYS);江西寻乌县项山甑,岳俊 三 2075(NAS)。

交连假瘤蕨 _Selliguea conjuncta_ (Ching) S. G. Lu, Hovenkamp & M. G. Gilbert, Fl. China 2&3: 784. 2013.

异名: 武夷假瘤蕨 _Phymatopsis wuyishanica_ Ching & Shing, Wuyi Sci. J. 1: 10. 1981.

产地: 福建武夷山;安徽黄山。

分布: 福建、安徽、重庆、甘肃、广西、贵州、河南、湖北、湖南、陕西、四川、 西藏、云南。中国特有。

凭证标本: 福建武夷山市黄岗山,武考队 1737(PE);安徽黄山文殊院狮子林,裘 佩熹 02514(PE);安徽黄山风景区,金摄郎 JSL5298(CSH)。

掌叶假瘤蕨 _Selliguea digitata_ (Ching) S. G. Lu, Hovenkamp & M. G. Gilbert, Fl. China 2&3: 778. 2013.

异名: _Phymatopsis palmatifida_ Ching & P. S. Chiu, Bull. Bot. Res. 2(2): 74. pl. 4-2.

1982.

产地：浙江遂昌、龙泉。

分布：浙江、广东、贵州、湖南。中国特有。

凭证标本：浙江遂昌九龙山内阴坑，姚关琥 5883（PE）；浙江龙泉凤阳山，章绍尧 3186（NAS）。

恩氏假瘤蕨 *Selliguea engleri* (Luerssen) Fraser-Jenkins, Taxon. Revis. Indian Subcontinental Pteridophytes. 46. 2008.

异名：波缘假瘤蕨 *Phymatopsis engleri* (Luerssen) H. Itô, J. Jap. Bot. 11: 98. 1935.

产地：福建武夷山、将乐；浙江遂昌、龙泉、庆元、缙云、文成。

分布：福建、江西、浙江、广西、贵州、台湾。日本、韩国。

凭证标本：福建将乐陇西山沙溪子，陇西山考察队 0395（PE）；浙江瑞安，章绍尧 6587（NAS）；浙江遂昌九龙山，邓懋彬，魏宏国 82134（NAS）。

大果假瘤蕨 *Selliguea griffithiana* (Hooker) Fraser-Jenkins, Taxon. Revis. Indian Subcontinental Pteridophytes. 47. 2008.

产地：江西安福、崇义；浙江龙泉、遂昌；安徽黄山、休宁。

分布：江西、浙江（新记录）、安徽、重庆、贵州、湖南、四川、西藏、云南。不丹、印度北部、缅甸、尼泊尔、泰国、越南。

凭证标本：江西安福县章庄乡，陈功锡、张代贵、孙林、肖佳伟 LXP-06-6840（SYS）；浙江遂昌县，韦宏金、钟鑫、沈彬 JSL3474（CSH）；安徽黄山，T. N. Liou & P. C. Tsoong 3097（WUK）。

金鸡脚假瘤蕨 *Selliguea hastata* (Thunberg) Fraser-Jenkins, Taxon. Revis. Indian Subcontinental Pteridophytes. 44. 2008.

异名：金鸡脚 *Phymatopsis hastata* (Thunberg) Kitagawa ex H. Itô, J. Jap. Bot. 11: 99. 1935; 单叶金鸡脚 *P. hastata* f. *simplex* (Christ) Ching, Acta Phytotax. Sin. 9(2): 188. 1964; 山东假瘤蕨 *P. shandongensis* J. X. Li & C. Y. Wang, Acta Phytotax. Sin. 22(2): 165. t. 2. 1984.

产地：福建各地；江西丘陵山地；浙江各地；安徽黄山、九华山、祁门、休宁、歙县、绩溪、潜山、岳西、石台、金寨；江苏各地；山东胶东半岛、沂山、蒙山。

分布：福建、江西、浙江、安徽、江苏、山东、重庆、甘肃、广东、广西、贵州、河南、湖北、湖南、辽宁、陕西、四川、台湾、西藏、云南。日本、韩国、菲律宾、俄罗斯。

凭证标本：福建屏南白水洋风景区，魏宏宇、金冬梅、顾钰峰 SG2227（CSH）；

江西广丰县大峰，聂敏祥、赖书绅 5894(IBK)；浙江永康五指岩脚，洪林 1526(HHBG)；安徽岳西青天乡杨家大榜村，金摄郎 JSL3036(CSH)。

宽底假瘤蕨 *Selliguea majoensis* (C. Christensen) Fraser-Jenkins, Taxon. Revis. Indian Subcontinental Pteridophytes. 48. 2008.

异名：*Phymatopsis majoensis*（C. Christensen）Ching, Acta Phytotax. Sin. 9(2): 183. 1964.

产地：江西武功山；安徽黄山。

分布：江西、安徽、重庆、广西、贵州、湖北、湖南、陕西、四川、云南。中国特有。

凭证标本：江西武功山紫极宫上，江西调查队 961(PE)；安徽黄山，裘佩喜 02542(PE)。

喙叶假瘤蕨 *Selliguea rhynchophylla* (Hooker) Fraser-Jenkins, Taxon. Revis. Indian Subcontinental Pteridophytes. 48. 2008.

异名：*Phymatopsis rhynchophylla*（Hooker）J. Smith, Hist. Fil. 104. 1875.

产地：福建连城、上杭；江西寻乌、崇义、安福。

分布：福建、江西、重庆、广东、广西、贵州、湖北、湖南、四川、台湾、云南。柬埔寨、印度北部、印度尼西亚、老挝、缅甸、尼泊尔、菲律宾、泰国、越南。

凭证标本：福建上杭县百结岭，林镕 4099(PE)；江西吉安市安福县武功山，陈功锡、张代贵、孙林、肖佳伟 LXP-06-8390(SYS)。

屋久假瘤蕨 *Selliguea yakushimensis* (Makino) Fraser-Jenkins, Taxon. Revis. Indian Subcontinental Pteridophytes. 46. 2008.

异名：*Phymatopsis fukienensis* Ching, Acta Phytotax. Sin. 9(2): 186. 1964.

产地：福建南靖、德化、武夷山；江西庐山、德兴、井冈山、崇义；浙江临安、江山、遂昌、庆元、缙云、泰顺；安徽祁门。

分布：福建、江西、浙江、安徽（韦宏金等，2019）、广西、贵州、湖南、四川、台湾。日本、韩国。

凭证标本：福建武夷山桐木乡，裘佩熹 1416(PE)；江西崇义齐云山保护区大水坑十八垒，严岳鸿、周喜乐、土兰英 4197(HUST)；安徽祁门县安凌镇九龙池风景区，金摄郎 JSL5480(CSH)。

存疑种

1. 伏贴石杉 *Huperzia appressa* (Desv.) Á. Löve & D. Löve, Bot. Not. 114: 34(1961).

2. 美丽马尾杉 *Phlegmariurus pulcherrimus* (Hook. & Grev.) Á. Löve & D. Löve, Taxon 26(2-3): 324(1977).

3. 草问荆 *Equisetum pratense* Ehrh., Hannover. Mag. 22: 138(1784).

4. 披散木贼 *Equisetum diffusum* D.Don, Prodr. Fl. Nepal. 19(1825).

5. 犬问荆 *Equisetum palustre* L., Sp. Pl. 2: 1061(1753).

6. 林木贼 *Equisetum sylvaticum* L., Sp. Pl. 2: 1061(1753).

7. 斑纹木贼 *Equisetum variegatum* Schleich. ex F.Weber & D.Mohr, Bot. Taschenb. (Weber) 60, 447(1807).

8. 台湾阴地蕨 *Botrychium formosanum* Tagawa, Acta Phytotax. Geobot. 9: 87. (1940).

9. 一支箭 (尖头瓶尔小草)*Ophioglossum pedunculosum* Desv., Mag. Neuesten Entdeck. Gesammten Naturk. Ges. Naturf. Freunde Berlin 5: 306(1811).

10. 阔边假脉蕨 *Crepidomanes latemarginale* (D. C. Eaton) Copel., Philipp. J. Sci. 67: 60(1938).

11. 线叶蕗蕨 *Hymenophyllum longissimum* (Ching & P. S. Chiu) K. Iwatsuki, J. Fac. Sci. Univ. Tokyo, Sect. 3, Bot. 13: 522(1985).

12. 长 毛 蕗 蕨 *Hymenophyllum oligosorum* Makino, Bot. Mag. (Tokyo). 13: 44(1899).

13. 日本鳞始蕨 *Osmolindsaea japonica* (Baker) Lehtonen & Christenhusz, Bot. J. Linn. Soc. 163: 336(2010).

14. 白背铁线蕨 *Adiantum davidii* Franch., Nouv. Arch. Mus. II. 10. 112(1887).

15. 月芽铁线蕨 *Adiantum refractum* Christ, Bull. Acad. Int. Géogr. Bot. sér. 3, 11(153-154): 224(1902).

16. 白垩铁线蕨 *Adiantum gravesii* Hance, J. Bot. 13: 197(1875).

17. 蒙山粉背蕨 *Aleuritopteris mengshanensis* F. Z. Li, Acta Phytotax. Sin. 22(2): 153(1984).

18. 碎米蕨 *Cheilanthes opposita* Kaulfuss, Enum. Filic. 211. (1824).

19. 尾尖凤了蕨 *Coniogramme caudiformis* Ching & K. H. Shing, Acta Bot. Yunnan. 3(2): 233(1981).

20. 棕轴凤了蕨 *Coniogramme robusta* var. *splendens* Ching & K. H. Shing, Fl. Reipubl. Popularis Sin. 3(1): 279, 240(1990) , nom. inval.

21. 广叶书带蕨 *Haplopteris taeniophylla* (Cop.) E. H. Crane, Syst. Bot. 22: 514. (1998).

22. 龙泉凤尾蕨 *Pteris laurlsilvicola* Sa Kurata, J. Geobot. 15: 85(1967).

23. 泰顺凤尾蕨 *Pteris natiensis* Tagawa, J. Jap. Bot. 14: 109(1938).

24. 珠叶凤尾蕨 *Pteris cryptogrammoides* Ching, Fl. Fujianica 1: 597(1982).

25. 城户凤尾蕨 *Pteris kidoi* Sa. Kurata, J. Geobot. 13: 8(1964).

26. 假闽浙铁角蕨 *Asplenium pseudowilfordii* Tagawa, J. Jap. Bot. 14: 108(1938).

27. 四 国 铁 角 蕨 *Asplenium shikokianum* Makino, Bot. Mag. (Tokyo) 6(60): 45(1892), nom. inval.

28. 缩羽毛蕨 *Cyclosorus abbreviatus* Ching & K. H. Shing, Jiangxi Sci. 8(3): 45(1990).

29. 大毛蕨 *Cyclosorus grandissimus* Ching & K. H. Shing, Fl. Fukien 1: 599(163) (1982).

30. 蝶状毛蕨 *Cyclosorus papilio* (C. Hope) Ching, Bull. Fan Mem. Inst. Biol., Bot. 8: 214(1938).

31. 宽顶毛蕨 *Cyclosorus paracuminatus* Ching ex K. H. Shing & J. F. Cheng, Jiangxi Sci. 8(3): 46(1990).

32. 齿片毛蕨 *Cyclosorus pauciserratus* Ching & C. F. Zhang, Bull. Bot. Res., Harbin 3(3): 8(1983).

33. 温州毛蕨 *Cyclosorus wenzhouensis* K. H. Shing & C. F. Zhang, Fl. Reipubl. Popularis Sin. 4(1): 341(1999).

34. 朝芳毛蕨 *Cyclosorus zhangii* K. H. Shing, Fl. Reipubl. Popularis Sin. 4(1): 340(1999).

35. 中间茯蕨 *Leptogramma intermedia* Ching ex Y. H. Chang & L. Y. Kuo, Cladistics 36(2): 179(2019).

36. 马蹄金星蕨 *Parathelypteris cystopteroides* (D. C. Eaton) Ching, Acta Phytotax. Sin. 8(4): 302(1963).

37. 有齿金星蕨 *Parathelypteris serrutula* (Ching) Ching, Acta Phytotax. Sin. 8: 303(1963).

38. 西南假毛蕨 *Pseudocyclosorus esquirolii* (Christ) Ching, Acta Phytotax. Sin. 8: 324(1963).

39. 镰片假毛蕨 *Pseudocyclosorus falcilobus* (Hooker) Ching, Acta Phytotax. Sin. 8: 324(1963).

40. 百山祖蹄盖蕨 *Athyrium baishanzuense* Ching & Y. T. Hsieh, Acta Bot. Boreal.-Occid. Sin. 6(3): 157(1986).

41. 尖羽角蕨 *Cornopteris christenseniana* (Koidz.) Tagawa, Acta Phytotax. Geobot. 2: 195(1933).

42. 阔基对囊蕨 *Deparia pseudoconilii* (Serizawa) Serizawa, J. Jap. Bot. 54: 182(1979).

43. 马鞍山双盖蕨 *Diplazium maonense* Ching, Hong Kong Naturalist 7: 88(1936).

44. 短果双盖蕨 *Diplazium wheeleri* (Baker) Diels in Engler & Prantl, Nat. Allantodia wheeleri Pflanzenfam. 1(4): 227(1899).

45. 龙池双盖蕨 *Diplazium wichurae* var. *parawichurae* (Ching) Z. R. He, Fl. China 2-3: 516(2013).

46. 裂叶双盖蕨 *Diplazium zeylanicum* (Hook.) T. Moore, Index Fil. (T. Moore) 17-18: 340(1862).

47. 细裂复叶耳蕨 *Arachniodes coniifolia* (T. Moore) Ching, Acta Bot. Sin. 10: 257(1962).

48. 金平复叶耳蕨 *Arachniodes jinpingensis* Y. T. Hsieh, Acta Bot. Yunnan. 5(1): 55(1983).

49. 华东复叶耳蕨 *Arachniodes tripinnata* (Goldm.) Sledge, Bull. Brit. Mus. (Nat. Hist.), Bot. 5: 41(1973).

50. 长叶实蕨 *Bolbitis heteroclita* (C. Presl) Ching, Index Filic., Suppl. Tert. 48(1934).

51. 钝羽贯众 *Cyrtomium muticum* (Christ) Ching in C. Chr., Index Suppl. III. 66(1933).

52. 斜基贯众 *Cyrtomium obliquum* Ching & Shing in Shing, Acta Phytotax. Sin., Addit. 1: 11(1965).

53. 齿盖贯众 *Cyrtomium tukusicola* Tagawa, Acta Phytotax. Geobot. 7(2): 79(1938).

54. 启明鳞毛蕨 *Dryopteris chimingiana* Ching ex K. H. Shing & J. F. Cheng, Jiangxi Sci. 8(3): 47(1990).

55. 溧阳鳞毛蕨 *Dryopteris liyangensis* Ching & Y. Z. Lan, Fl. Kiang Su 1: 466(1977).

56. 龙南鳞毛蕨 *Dryopteris lungnanensis* Ching ex K. H. Shing & J. F. Cheng, Jiangxi Sci. 8(3): 48(1990).

57. 龙泉鳞毛蕨 *Dryopteris lungquanensis* Ching & P. C. Chiu, Bot. Res. Academia Sinica 2: 1(1987).

58. 假中华鳞毛蕨 *Dryopteris parachinensis* Ching & F. Z. Li, Bull. Bot. Res., Harbin 5(1): 157(1985).

59. 阔羽鳞毛蕨（宽羽鳞毛蕨）*Dryopteris ryo-itoana* Kurata, J. Geobot. 15: 84(1967).

60. 山东鳞毛蕨 *Dryopteris shandongensis* J. X. Li & F. Li, Acta Phytotax. Sin. 26(5): 406(1988).

61. 遂昌鳞毛蕨 *Dryopteris shuichangensis* P. C. Chiu & G. H. Yao ex Ching, Bull. Bot. Res., Harbin 2(2): 63(1982).

62. 大明鳞毛蕨 *Dryopteris tahmingensis* Ching, Bull. Fan Mem. Inst. Biol., Bot. 8: 480(1938).

63. 张氏鳞毛蕨 *Dryopteris zhangii* Ching, Bull. Bot. Res., Harbin 3(3): 26(1983).

64. 南亚鳞毛蕨 *Dryopteris pseudocaenopteris* (Kunze) Li Bing Zhang, Taxon 61(6): 1209(2012).

65. 密鳞高鳞毛蕨 *Dryopteris simasakii* var. *paleacea* (H.Itô) Sa. Kurata, J. Geobot. 18: 5(1970).

66. 裂盖鳞毛蕨 *Dryopteris subexaltata* (Christ) C. Chr., Index Filic. 295(1905).

67. 尖齿耳蕨 *Polystichum acutidens* Christ, Bull. Acad. Int. Géogr. Bot. sér. 3, 11(153-154): 259(1902).

68. 布朗耳蕨 *Polystichum braunii* (Spenner) Fée, Mém. Foug. 5: 278(1852).

69. 前原耳蕨 *Polystichum mayebarae* Tagawa, Acta Phytotax. Geobot. 3: 91(1934).

70. 地耳蕨 *Tectaria zeilanica* (Houttuyn) Sledge, Kew Bull. 27: 422(1972).

71. 中间骨牌蕨 *Lepidogrammitis intermedia* Ching, Fl. Tsinling. 2: 231(1974).

72. 小盾蕨 *Neolepisorus minor* W. M. Chu, Acta Bot. Yunnan. 1(2): 95(1979).

73. 叉毛禾叶蕨 *Grammitis cornigera* Baker Ching, Bull. Fan Mem. Inst. Biol., Bot. 10: 240(1941).

74. 柔软石韦 *Pyrrosia mollis* (Kunze) Ching, Bull. Chin. Bot. Soc. 1: 53(1935).

75. 线叶石韦 *Pyrrosia linearifolia* (Hook.) Ching, Bull. Chin. Bot. Soc. 1: 48(1935).

76. 指叶假瘤蕨 *Selliguea dactylina* (Christ) S. G. Lu, Hovenkamp & M. G. Gilbert, Fl. China 2-3: 778(2013).

参考文献

REFERENCES

《安徽植物志》协作组，1985. 安徽植物志：第一卷. 合肥：安徽科学技术出版社.

《江西植物志》编辑委员会，1993. 江西植物志：第一卷. 南昌：江西科学技术出版社.

《浙江植物志》编辑委员会，1993. 浙江植物志：第一卷. 杭州：浙江科学技术出版社.

蔡建秀，吴文杰，蔡英卿，等，2003. 福建南靖乐土南亚热带雨林蕨类植物资源调查. 泉州师范学院学报，21（2）：82-87.

曾宪锋，邱贺媛，2014. 赣州产 3 种江西省新记录蕨类植物. 福建林业科技，41（4）：95-97.

曾宪锋，邱贺媛，赖秀霞，等，2014. 会昌县产 3 种江西省新记录蕨类植物. 福建林业科技，41（1）：134-136.

陈汉斌，郑亦津，李法曾，1990. 山东植物志：上卷. 青岛：青岛出版社.

陈贤兴，周庄，胡仁勇，等，2013. 浙江维管植物新纪录. 温州大学学报（自然科学版），34（1）：54-56.

陈新艳，2019. 武夷山 4 种福建植物新记录. 森林与环境学报，39:320-322.

福建省科学技术委员会《福建植物志》编写组，1982. 福建植物志：第一卷. 福州：福建科学技术出版社.

顾钰峰，商辉，陈彬，等，2015. 福建省石松类植物和蕨类植物分布新记录. 植物资源与环境学报，24（1）：116-118.

何丽娟，池敏杰，林德钦，等，2019. 福建省蕨类植物新纪录种——粉叶蕨. 亚热带植物科学，48（4）：354-355.

孔宪需，2001. 中国植物志：第五卷第二分册. 北京：科学出版社.

李春香，冯丽梅，2015. 江苏省鳞毛蕨属植物分布新记录. 植物资源与环境学报，24（1）：119-120.

李恒，陈永滨，高元龙，等，2016. 福建省 3 种维管植物新记录. 亚热带植物科学，45（3）：283-284.

李晓娟，周国富，徐宁，等，2016. 山东石松类和蕨类植物新记录. 广西植物，36（10）：1214-1219.

梁同军，彭焱松，张丽，等，2020. 江西省蕨类植物新记录. 江西科学，38:851-852, 860.

林峰，梅旭东，郑立新，等，2020. 采自温州的浙江省蕨类新记录. 浙江林业科技，40:95-98.

林沁文，2015. 福建蕨类植物新资料. 亚热带植物科学，44（1）：56-57.

林尤兴，2000. 中国植物志：第六卷第二分册. 北京：科学出版社.

刘启新，汪庆，2015. 江苏植物志：第一卷. 南京：江苏科学技术出版社.

马金双，2013. 上海维管植物名录. 北京：高等教育出版社.

毛志伟，汪韬，史志远，等，2021. 福建5种维管植物新记录. 亚热带植物科学，50(1): 65-68.

彭光天，胡文海，1998. 一些蕨类植物在吉安地区的新分布. 吉安师专学报，(5): 23-25.

秦仁昌，1959. 中国植物志：第二卷. 北京：科学出版社.

秦仁昌，1990. 中国植物志：第三卷第一分册. 北京：科学出版社.

阙天福，2013. 福建蕨类植物新资料. 福建林业科技，40(1): 126, 132.

唐忠炳，李中阳，彭鸿民，等，2017. 江西乌毛蕨科一新记录属. 赣南师范大学学报，38(3): 90-91.

王小夏，林木木，2010. 福建蕨类植物新记录. 亚热带植物科学，39(2): 68-69.

王小夏，林木木，邱春风，等，2009. 福建蕨类植物新资料. 西北植物学报，29(4): 829-831.

王宗琪，刘伊葭，许元科，等，2019. 浙江省2种蕨类植物新记录. 亚热带植物科学，48(2): 194-196.

王宗琪，许元科，林坚，等，2018. 浙江省蕨类植物新记录. 亚热带植物科学，47(2): 173-175.

韦宏金，陈彬，杨庆华，2020. 安徽省蕨类植物分布新记录Ⅳ. 植物资源与环境学报，29:75-77.

韦宏金，陈彬，詹双侯，等，2017. 安徽省蕨类植物分布新记录Ⅰ. 植物资源与环境学报，26(4): 113-115.

韦宏金，陈彬，詹双侯，等，2018. 安徽省蕨类植物分布新记录Ⅱ. 植物资源与环境学报，27(1): 118-120.

韦宏金，陈彬，詹双侯，等，2019. 安徽省蕨类植物分布新记录Ⅲ. 植物资源与环境学报，28(4): 110-112.

魏作影，顾钰峰，夏增强，等，2020. 江西省石松类和蕨类植物分布新记录6种. 植物资源与环境学报，29(5): 78-80.

温桂梅，张凤生，林宇豪，等，2020. 福建省新记录植物Ⅶ. 福建师范大学学报（自然科学版），36(3): 45-51.

吴兆洪，1999. 中国植物志：第四卷第二分册. 北京：科学出版社.

吴兆洪，1999. 中国植物志：第六卷第一分册. 北京：科学出版社.

武素功，2000. 中国植物志：第五卷第一分册. 北京：科学出版社.

邢公侠，1999. 中国植物志：第四卷第一分册. 北京：科学出版社.

徐国良，2021. 江西省6种植物新记录. 热带作物学报，42(3): 698-702.

徐国良，蔡伟龙，2020. 江西省2种蕨类植物新记录. 亚热带植物科学，49:142-144.

严岳鸿，苑虎，何祖霞，等，2011. 江西蕨类植物新记录. 广西植物，31(1): 5-8.

严岳鸿，张宪春，周喜乐，等，2016. 中国生物物种名录：第一卷 植物 蕨类植物. 北京：科学出

版社 .

张虹 , 刘毅 , 徐静兰 , 等 , 2020. 安徽 3 种维管植物新记录 . 亚热带植物科学 , 49:404-406.

张宪春 , 2004. 中国植物志 : 第六卷第三分册 . 北京 : 科学出版社 .

朱维明 , 1999. 中国植物志 : 第三卷第二分册 . 北京 : 科学出版社 .

The Pteridophyte Phylogeny Group, 2016. A community-derived classification for extantlycophytes and ferns. Journal of Systematics and Evolution, 54 (6) : 563-603.

Wu Z Y, Raven P H，Hong D Y, 2013. Flora of China: Vol. 2-3. Beijing: Science Press; St. Louis: Missouri Botanical Garden Press.

Xu K W, Zhang L, Lu N T, et al, 2018. Nine new species of Hymenasplenium (Aspleniaceae) from Asia. Phytotaxa, 358 (1) : 1-25.

Zhou X M, Zhang L B, 2017. Dendrolycopodiumverticale comb. nov (Lycopodiopsida: Lycopodiaceae) from China. Phytotaxa, 295 (2) : 199-200.

长柄石杉 *Huperzia javanica*
（周喜乐摄于福建）

垂穗石松 *Lycopodium cernuum*
（顾钰峰摄于福建）

阴地蕨 *Botrychium ternatum*
（周喜乐摄于广西）

松叶蕨 *Psilotum nudum*
（周喜乐摄于浙江）

长柄蕗蕨 *Hymenophyllum polyanthos*
（金冬梅摄于福建）

海金沙 *Lygodium japonicum*
（顾钰峰摄于江西）

华东瘤足蕨 *Plagiogyria japonica*
（韦宏金摄于安徽）

桫椤 *Alsophila spinulosa*
（金冬梅摄于福建）

东方水非 *Isoëtes orientalis*
（顾钰峰摄于浙江）

中华水非 *Isoëtes sinensis*
（顾钰峰摄于浙江）

细叶卷柏 *Selaginella labordei*
（韦宏金摄于安徽）

卷柏 *Selaginella tamariscina*
（韦宏金摄于安徽）

福建莲座蕨 *Angiopteris fokiensis*
（韦宏金摄于江西）

华南紫萁 *Osmunda vachellii*
（金冬梅摄于福建）

团扇蕨 *Crepidomanes minutum*
（严岳鸿摄于江西）

华东膜蕨 *Hymenophyllum barbatum*
（韦宏金摄于浙江）

芒萁 *Dicranopteris pedata*
（周喜乐摄于安徽）

光里白 *Diplopterygium laevissimum*
（金冬梅摄于浙江）

金毛狗蕨 *Cibotium barometz*
（韦宏金摄于福建）

钱氏鳞始蕨 *Lindsaea chienii*
（周喜乐摄于福建）

阔片乌蕨 *Odontosoria biflora*
（顾钰峰摄于浙江）

穴子蕨 *Monachosorum maximowiczii*
（周喜乐摄于安徽）

昌化铁线蕨 *Adiantum subpedatum*
（韦宏金摄于安徽）

银粉背蕨 *Aleuritopteris argentea*
（顾钰峰摄于江西）

凤了蕨 *Coniogramme japonica*
（周喜乐摄于福建）

书带蕨 *Haplopteris flexuosa*
（顾钰峰摄于福建）

倒挂铁角蕨 *Asplenium normale*
（金冬梅摄于福建）

长叶铁角蕨 *Asplenium prolongatum*
（周喜乐摄于浙江）

闽浙圣蕨 *Dictyocline mingchegensis*
（金冬梅摄于福建）

光脚金星蕨 *Parathelypteris japonica*
（周喜乐摄于浙江）

膀胱蕨 *Protowoodsia manchuriensis*
（周喜乐摄于浙江）

东方荚果蕨 *Pentarhizidium orientale*
（韦宏金摄于安徽）

狗脊 *Woodwardia japonica*
（周喜乐摄于江西）

华东安蕨 *Anisocampium sheareri*
（韦宏金摄于安徽）

双盖蕨 *Diplazium donianum*
（金冬梅摄于福建）

球腺肿足蕨 *Hypodematium glanduloso-pilosum*
（金冬梅摄于江苏）

中华复叶耳蕨 *Arachniodes chinensis*
（周喜乐摄于福建）

厚叶肋毛蕨 *Ctenitis sinii*
（严岳鸿摄于江西）

全缘贯众 *Cyrtomium falcatum*
（顾钰峰摄于福建）

黄山鳞毛蕨 *Dryopteris whangshangensis*
（韦宏金摄于浙江）

戟叶耳蕨 *Polystichum tripteron*
（韦宏金摄于浙江）

杯盖阴石蕨 *Humata griffithiana*
（韦宏金摄于福建）

鳞果星蕨 *Lepidomicrosorium buergerianum*
（金冬梅摄于浙江）

线蕨 *Leptochilus ellipticus*
（顾钰峰摄于福建）

锯蕨 *Micropolypodium okuboi*
（顾钰峰摄于江西）

日本水龙骨 *Polypodiodes niponica*
（韦宏金摄于安徽）

石韦 *Pyrrosia lingua*
（顾钰峰摄于江西）

金鸡脚假瘤蕨 *Selliguea hastata*
（韦宏金摄于安徽）

淡绿双盖蕨 *Diplazium virescens*
（严岳鸿摄于江西）

肾蕨 *Nephrolepis cordifolia*
（金冬梅摄于福建）

槲蕨 *Drynaria roosii*
（周喜乐摄于湖北）

鳞轴小膜盖蕨 *Araiostegia perdurans*
（周喜乐摄于江西）